计算机应用基础

主　编　邢文凯　曹亚君
副主编　庞进丽　杜月云　祝春美
　　　　李晓花　潘梁静　陈　静

郑州大学出版社

·郑州·

图书在版编目(CIP)数据

计算机应用基础/邢文凯,曹亚君主编.—郑州:郑州大学出版社,2018.9

ISBN 978-7-5645-4764-6

Ⅰ.①计… Ⅱ.①邢…②曹… Ⅲ.①电子计算机－高等学校－教材
Ⅳ.①TP3

中国版本图书馆 CIP 数据核字(2017)第 219065 号

郑州大学出版社出版发行

郑州市大学路 40 号   邮政编码:450052

出版人:张功员   发行电话:0371－66966070

全国新华书店经销

河南承创印务有限公司印制

开本:787mm×1 092mm 1/16

印张:19

字数:450 千字

版次:2018 年 9 月第 1 版   印次:2018 年 9 月第 1 次印刷

书号:ISBN 978-7-5645-4764-6   定价:39.00 元

前　言

随着信息技术的不断发展和壮大,计算机技术已经深入社会的各个领域,正在迅速地改变着人们的工作、学习和生活方式,计算机知识也成为了人们必须了解掌握的一门知识。为了适应时代的进步与社会发展的需要,学习掌握计算机基础操作已经成为广大学生的一项基本技能,使学生能够在今后的学习和工作中,将计算机技术与本专业紧密结合,使计算机技术更为有效地应用于各专业领域。

本书根据教育部计算机课程教学指导委员会制订的教学要求由多年从事计算机基础课程教学的一线教师编写。本书充分考虑了当前计算机技术的发展,学生应用计算机水平的现状和其他专业对学生计算机知识和应用能力的要求,以能力培养为目标,以工作过程为导向,采取"案例"教学法,用案例贯穿知识,用任务驱动教学。按照教学规律和学生的认知特点选择与知识点紧密结合的案例,在任务设置上贴近学生生活实际,注重实用,在实际工作任务的驱动下引导学生去积极地学习计算机知识与技能,为学生专业课学习和职业生涯发展打下良好的基础。

本书共 7 个项目,内容安排符合学生的认知规律和能力形成规律。主要内容包括:计算机基础知识、操作系统 Windows 7 的使用、文字处理软件 Word 2010、电子表格软件 Excel 2010、演示文稿软件 PowerPoint 2010、计算机网络基础、常用工具软件的使用。

本书内容丰富、层次清晰、通俗易懂、图文并茂、易教易学,符合学生思维的构建方式,使学生在学习过程中不仅能掌握独立的相关知识,而且能培养他们综合分析问题和解决问题的能力。本书既可以作为职业院校五年制大专及其它各专业计算机应用基础课程的教材,也可以作为初学者掌握计算机相关知识的自学用书。

全书由邢文凯策划,邢文凯、曹亚君、庞进丽任主编并统稿。本书项目 1 由邢文凯编写,项目 2 由杜月云编写,项目 3 由祝春美编写,项目 4 由曹亚君编写,项目 5 由潘梁静编写,项目 6 由李晓花编写,项目 7 由陈静编写。

由于编写时间仓促,书中难免有疏漏和不妥之处,欢迎广大读者批评指正,衷心希望广大使用者尤其是任课教师提出宝贵的意见和建议,以便再版时修订完善。

编　者
2017 年 6 月

目　　录

项目 1　认识计算机系统

【项目综述】

计算机(computer)也称电子计算机,或称电脑。它是一种能够按照所存储的程序,自动、高速地进行大量的数值计算、数据处理的现代化电子设备。

计算机的发明是人类科学史上最伟大的科学成就之一。1946 年 2 月,世界上第一台计算机 ENIAC(Electronic Numerical Integrator And Computer,即电子数字积分和计算机,简称 ENIAC)诞生在美国,是由美国宾西法尼亚大学物理学家约翰·莫克利(John Mauchly)和工程师普雷斯伯·埃克特(J － Presper Eckert)领导下研制成功的(如图 1－0－1 所示),揭开了人类电子科技发展史上新的一页。ENIAC 长 30.48m,高 2.44m,占地面积 170m²,30 个操作台,约相当于 10 间普通房间的大小,重达 30t,耗电量 150kW,造价 48 万美元。它使用约 18 000 个电子管,70 000 个电阻,10 000 个电容,1 500 个继电器,6 000 多个开关,每秒执行 5 000 次加法或 400 次乘法运算,是当时已有的继电器计算机运算速度的 1 000 倍、手工计算速度的 20 万倍。随后,20 世纪 50 年代诞生了第 2 代晶体管计算机,60 年代诞生了第 3 代集成电路计算机;1970 年,由大规模集成电路和超大规模集成电路制成的"克雷一号",使计算机进入了第 4 代。

图 1-0-1　世界上第一台电子数字计算机 ENIAC

世界上第一台 PC 机由美国 Intel 公司于 1971 年 11 月研究成功,属于第四代计算机。进入 21 世纪,PC 机更是笔记本化、微型化和专业化,运行速度越来越快,不但操作简易、价格便宜,而且可以代替人们的部分脑力劳动,甚至在某些方面扩展了人的智能。六十多年来,计算机技术得到了突飞猛进的发展,计算机应用得到了迅速普及。计算机与其他技术的融合,使得计算机在工业、农业、军事、航天科技、商业、金融、卫生乃至家庭生活等领域得到广泛的应用。

计算机正在改变着人们的工作方式、生活方式、学习方式和思维方式,也改变着人们的观念。所以认识计算机、了解计算机的发展历史、发展方向、应用领域和特点等相关信息,掌握计算机的系统组成,掌握一种汉字输入方法,认识计算机病毒和防治措施对以后的学习、工作是很有帮助的。

【学习目标】

1. 理解广义计算机系统。
2. 理解计算机中数的表示与编码。
3. 掌握微型计算机系统组成。
4. 认识多媒体计算机系统。
5. 掌握常用汉字输入法使用。
6. 理解计算机病毒和防治措施。

任务 1.1　认识广义计算机系统

【任务解析】

计算机是人们工作、学习和生活不可或缺的工具,认识计算机的发展,认识广义计算机系统的组成、工作原理、特点和应用等基本知识是很有必要的。

【知识要点】

☞ 电子计算机的发展
☞ 广义计算机系统组成
☞ 计算机工作原理
☞ 计算机的特点
☞ 计算机的应用

【任务实施】

1. 电子计算机的发展
(1) 计算机的发展阶段
电子计算机的发展阶段通常以构成计算机的主要电子元器件来划分,至今经历了电子管、晶体管、集成电路和超大规模集成电路四个阶段。

第一代(1946~1958 年)是电子管计算机,它的基本电子元件是电子管,内存储器采用水银延迟线,外存储器主要采用磁鼓、纸带、卡片、磁带等。由于当时电子技术的限制,运算速度只是每秒几千次~几万次基本运算,内存容量仅几千个字节。因此,第一代计算机体积大,耗电多,速度低,造价高,使用不便;主要局限于一些军事和科研部门进行科学计算。软件上采用机器语言,后期采用汇编语言。

第二代(1959~1964 年)是晶体管计算机。1948 年,美国贝尔实验室发明了晶体管,10 年后晶体管取代了计算机中的电子管,诞生了晶体管计算机。晶体管计算机的基本电子元件是晶体管,内存储器大量使用磁性材料制成的磁芯存储器。与第一代电子管计算机相比,晶体管计算机体积小,耗电少,成本低,逻辑功能强,使用方便,可靠性高。软件上广泛采用高级语言,并出现了早期的操作系统。

第三代(1965~1970 年)是集成电路计算机。随着半导体技术的发展,1958 年夏,美国德克萨斯公司制成了第一个半导体集成电路。集成电路是在几平方毫米的基片,集中了几十个或上百个电子元件组成的逻辑电路。第三代集成电路计算机的基本电子元件是小规模集成电路和中规模集成电路,磁芯存储器进一步发展,并开始采用性能更好的半导体存储器,运算速度提高到每秒几十万次基本运算。由于采用了集成电路,第三代计算机各方面性能都有了极大提高:体积缩小,价格降低,功能增强,可靠性大大提高。软件上广泛使用操作系统,产生了分时、实时等操作系统和计算机网络。

第四代(1971 年~日前)是大规模集成电路计算机。随着集成了上千甚至上万个电子元件的大规模集成电路和超大规模集成电路的出现,电子计算机发展进入了第四代。第四代计算机的基本元件是大规模集成电路,甚至超大规模集成电路,集成度很高的半导体存储器替代了磁芯存储器,运算速度可达每秒几百万次,甚至上亿次基本运算。在软件方法上产生了结构化程序设计和面向对象程序设计的思想。另外,网络操作系统、数据库管理系统得到广泛应用。微处理器和微型计算机也在这一阶段诞生并获得飞速发展。

知识链接

我国计算机的发展,同样也经历了四代:

(1)第一代电子管计算机(1958～1964年)1958年8月103型计算机诞生,标志着我国第一台电子计算机诞生。

(2)第二代晶体管计算机(1965～1972年)1965年研制成功第一台大型晶体管计算机109乙机。1967年推出109丙机,在我国两弹试验中发挥了重要作用,被誉为功勋机。

(3)第三代中小规模集成电路的计算机(1973～80年代初)受文化大革命的冲击,到1970年初期陆续推出采用集成电路计算机。1983年银河一号巨型计算机问世,是我国高速计算机的里程碑,以4.7千万亿次/秒的峰值速度,首次将五星红旗插上超级计算领域的世界之巅。

(4)第四代超大规模集成电路的计算机(80年代中期～今)1993年研制成功曙光一号全对称共享存储多处理机。2016年全球十大超级计算机排行榜排名前两位的超级计算机都来自中国,排名第一的是位于中国无锡国家超级计算中心的"神威太湖之光",它的运算能力达到每秒93.01千万亿次;仅次于它的是位于中国广州国家超级计算机中心的"天河二号",它的运算能力为每秒33.86千万亿次。

(2)计算机的发展趋势

目前,计算机发展趋势是:巨型化、微型化、网络化、智能化、多媒体化和虚拟现实。

① 巨型化

巨型化是指计算机运算速度高、存储容量大、体积庞大,现在的高速计算机运算速度可以达到每秒千万亿次以上。巨型机造价高、体积大、工艺复杂,适用于庞大的数据处理和特殊行业。

② 微型化

目前使用的计算机90%以上都属于微型计算机。现在的微型机速度高、价格低、容量大、可靠性高,性能价格比最高,适用于各种领域。

③ 网络化

网络化是计算机发展的又一个重要趋势。从单机走向联网是计算机应用发展的必然结果。所谓计算机网络化,是指用现代通信技术和计算机技术把分布在不同地点的计算机互联起来,组成一个规模大、功能强、可以互相通信的网络结构。网络化的目的是使网络中的软件、硬件和数据等资源能被网络上的用户共享。目前,大到世界范围的通信网,小到实验室内部的局域网已经很普及,因特网(Internet)已经连接包括我国在内的150多个国家和地区。计算机网络实现了多种资源的共享和处理,提高了资源的使用效率,得到了越来越广泛的应用。

④ 智能化

智能化是让计算机具有智能,辅助人们决策、判断、模仿人的思维,并进行科学研究、定理证明等。人工智能的发展会促进一些学科的发展,同时也诞生了一些新学科和学科分支。

⑤ 多媒体化

多媒体不但可以处理数字、字符,还可以处理声音、图形、图像,计算机可以连接摄像机、扫描仪等多种设备,让人们尽情地享受多媒体技术带来的丰富多彩的生活,现在多媒体技术已经进入社会生活的各个领域。

⑥ 虚拟现实(Virtual Reality,简称 VR)

虚拟现实是人们通过计算机对复杂数据进行可视化操作与交互的一种全新方式。虚拟现实是指用计算机生成的一种特殊环境,人可以通过使用各种特殊装置将自己"投射"到这个环境中,并操作、控制环境,实现特殊的目的,即人是这种环境的主宰。虚拟现实在20 世纪 90 年代才引起人们的重视,并且得到广泛使用。如虚拟工厂、虚拟实验室、虚拟人体、虚拟演播室等都是虚拟现实的应用。

知识链接

目前,世界各国的研究人员正在加紧新型计算机的研发。新型计算机从体系结构到器件与技术革命都要产生一次质的飞跃。不久的将来,新型的超导计算机、量子计算机、光子计算机、生物计算机(DNA 计算机)和纳米计算机等将会走进我们的生活,遍布各个领域。

2. 计算机系统组成

计算机系统由硬件系统和软件系统两大部分组成。硬件系统是组成计算机的所有电子器件、电子线路和机械部件的集合。软件系统是程序以及使用、开发、维护程序所需文档的集合。硬件系统是计算机工作的基础,是物质条件。软件系统是建立在硬件基础上,是对计算机硬件功能的完善和扩充。图 1-1-1 给出了计算机系统的组成。

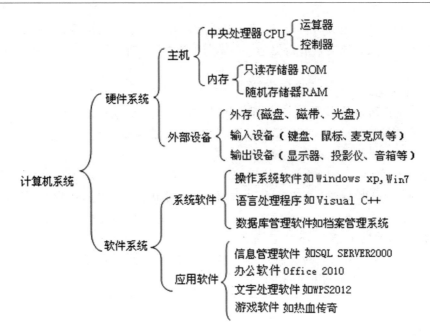

图 1-1-1　计算机系统的组成

（1）计算机的硬件系统

计算机硬件系统是指计算机中"看得见"、"摸得着"的所有电子线路和物理设备，如中央处理器（Central Processing Unit，简称 CPU）、存储器、外部设备（输入/输出设备）及各类总线等。计算机中的所有信息传递都是通过总线进行的，总线分为：地址总线，数据总线，控制总线（如果有 n 位地址总线，其寻址的范围是：2^n Byte）。构成计算机的硬件系统通常有"五大件"，分别是：

① 控制器

控制器是计算机的指令中心，用来分析指令、协调 I/O 操作和内存访问。控制器从存储器中逐条取出指令、分析指令，然后根据指令要求完成相应操作，产生一系列控制命令，使计算机各部分自动、连续并协调动作，实现数据和程序的输入、运算并输出。

② 运算器

运算器是计算机的核心设备之一，是主体，用来进行算术运算和逻辑运算。运算器在控制器的控制下，接收待运算的数据，完成程序指令制定的基于二进制的算术运算或逻辑运算。

通常把运算器和控制器一起置于一块半导体集成电路中，称中央处理器，即 CPU。

③ 存储器

存储器是存储程序、数据、运算的中间结果及最后结果的设备。存储器有两种，分别是内存储器和外存储器。

Ⅰ 内存储器

内存储器，又称主存储器，简称内存。内存是直接与 CPU 交换数据的存储设备。其中，从使用功能上分，有只读存储器（Read Only Memory，简称 ROM）和随机存储器（Random Access Memory，简称 RAM）。ROM 中保存的是计算机最重要的程序和数据，一般由生产厂家在生产时用专门设备写入,用户只能读出数据,无法修改数据。关闭计算机后,ROM 存储的数据和程序不会丢失。RAM 则既可读出数据又可写入数据,其中的数据和程序在关闭计算机后将被清除。通常说的"内存"一般是指 RAM。

Ⅱ 外存储器

外存储器,又称辅助存储器,简称外存。外存是不能直接被 CPU 存取的存储设备,如磁盘、磁带、光盘等。在关闭计算机后,存储在外存中的数据和程序仍可保留,因此外存适合存储需要长期保存的数据和程序。现在,磁带、软盘已比较少见,取而代之的是新一代移动存储设备,如 U 盘、闪盘等。

Ⅲ 内存是计算机数据交换的中心,CPU 存取外存中的数据时,都必须先将数据调入内存。内存、外存和相应的软件组成了计算机存储系统。CPU 与内存统称为计算机的主机。

④ 输入设备

输入设备是指向计算机输入信息的设备。输入设备的任务是向计算机提供原始的信息,如文字、图形、声音等,并将其转换成计算机能识别和接收的信息形式送入存储器中。常用的输入设备有键盘、鼠标、扫描仪、手写笔、触摸屏、条形码读入器、数字化仪等。

⑤ 输出设备

输出设备是指从计算机中输出人们可以识别的信息的设备。输出设备的任务是将计算机处理的数据、计算结果等内部信息,转换成人们习惯接受的信息形式,然后将其输出。常用的输出设备有显示器、打印机、绘图仪和扬声器等。输入、输出设备和外存统称为外部设备(Peripheral Equipment)。

(2)计算机软件系统

计算机软件系统按其功能可分为系统软件和应用软件两大类。一般来说,系统软件直接与硬件打交道,而应用软件则要通过系统软件才能和硬件打交道,处于系统软件和用户之间。

① 系统软件

是指控制和协调计算机及其外部设备,支持应用软件的开发和运行的软件。其主要的功能是进行调度、监控和维护系统,是用户和裸机的接口。系统软件主要指面向硬件或者开发者所设立的软件,它是支持应用软件运行的,是计算机工作时必须配置的那部分软件。常用的系统软件包括操作系统、语言处理系统、数据库处理系统等。操作系统被称为人机接口,具有处理器管理、存储管理、文件管理、设备管理、作业管理 五大功能。按照系统功能或者操作方式分类:单用户操作系统、多用户操作系统、批处理操作系统、分时操作系统、实时操作系统、网络操作系统、分布式操作系统(windows xp 属于单用户多任务操作系统 也属于实时操作系统)。Unix 和 Linux 属于多用户多任务操作系统,也属于多用户交互式操作系统 。windows 2000 server、network、Unix、Linux、都属于网络操作系统。DOS:磁盘操作系统,属于单用户单任务操作系统。

智能手机手机系统主要有:Symbian(塞班)、Android(安卓)、OS 、Windows Phone、BlackBerry OS、iOS、MacOS 等。

② 应用软件

应用软件是用户为解决各种实际问题而编制的计算机应用程序及其有关资料。应用软件主要包括用于科学计算方面的数学计算软件包、统计软件包,计算机辅助设计系统、图像处理软件包(如 Photoshop、动画处理软件 3DS MAX),各种财务管理、税务管理、工业控制、辅助教育等专用软件,实时控制系统、文字处理软件等。

3. 计算机工作原理

(1)冯·诺依曼存储程序的设计思想

冯·诺依曼(Von Neumann)美籍匈牙利数学家,1946 年与莫尔合作研制了 EDVAC (Electronic Discrete Variable Computer)计算机,它采用的是冯·诺依曼的存储程序原理。冯·诺依曼存储程序的设计思想可以概括为以下三点:

① 计算机应包括运算器、存储器、控制器、输入设备和输出设备五部分。

② 计算机内部应采用二进制数来表示指令和数据。每条指令一般具有一个操作码和一个地址码。操作码表示运算性质,地址码指出操作数在存储器中的位置。

③ 将编制好的程序和原始数据送入主存储器中,然后启动计算机工作,计算机应在不需要人工干预的情况下,自动逐条取出指令和执行任务。

至今为止,所有的计算机都是冯·诺依曼型计算机。

(2)计算机的工作过程

计算机的工作过程就是执行程序的过程。首先用户通过输入设备将要处理的程序或数据输入到计算机内存储器中,然后控制器逐条从存储器中取出指令进行分析,并按要求控制指令的执行,直到执行完毕,然后再进行下一条指令的执行。程序如何组织,涉及到计算机的体系结构问题。图 1-1-2 给出了计算机的简单工作原理。

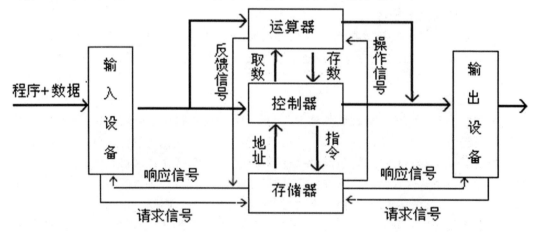

图 1-1-2　计算机的简单工作原理

图中粗箭头➡代表数据或指令,在机内表现为二进制数形式,细箭头→代表控制信号,在机内呈现高低电平形式,起控制作用。

知识链接

（1）裸机：只有硬件没有软件的计算机称为裸机。软件可以使裸机的硬件功能得到扩充，发挥其性能。

（2）程序：数字、字符通过一定的语法规范编写的计算机指令序列，称为程序。

（3）计算机语言：是指用于人与计算机之间通讯的语言。计算机语言很多，总体分为二类：低级语言和高级语言。

①低级语言：主要有机器语言、汇编语言。

机器语言是用三进制代码表示的计算机能直接识别和执行的一种机器指令的集合。依赖计算机硬件操作，其程序就是一个二进制文件，是由 0 和 1 组成的指令序列。指令是不可分割的最小功能单元。计算机硬件型号不同，构造不同，指令系统也不相同，在一台计算机上执行的程序，要想在另一台计算机上执行，必须另编程序。工作比较费时费力。

汇编语言：和机器语言实质是相同，依赖计算机硬件操作，只是指令采用了英文缩写的标识符，更容易识别和记忆。程序是将每一步具体的操作采用命令的形式写出来的指令序列，程序冗长、容易出错，需要专业知识，且必须经过汇编，生成目标文件，才能执行。

②高级语言：是用人类能识别的自然语言编写程序，计算机不能直接识别，必须经过转换（转换方式有解释方式和编译方式二种，通常采用编译方式）才能执行。高级语言很多，常用的有 C. Visual Basic. NET、Microsoft Visual C++、SQL Sever、Delphi 等。

4. 计算机的特点

计算机作为一种智能化的机器正在改变着我们的生活，改变着我们的观念。概括起来计算机有以下几个特点：

（1）自动运行和人机交互

电子计算机不需要人工干预，按人们的意图自动执行存放在存储器中的程序，是计算机最为突出的一个特点。人们可以利用计算机的这一特点控制其完成一些高温、高压、高危险性、有毒、有害的工作。

（2）运算速度快

计算机的工作速率是用每秒执行基本运算的次数来衡量的。现在计算机的运算速度可以达到每秒上万亿次。

（3）运算精度高

现在计算机的计算精度一般都可以达到 15 位有效数字，在特殊场合计算精度会更高，可以达到上百万位。例如数学家契依列，花费 15 年的心血来计算圆周率 π，并且计算到第 707 位，而用现在的计算机运算只需要几分钟时间，若是花费几个小时计算可以精确到 10 万位以上。

（4）具有较强的记忆能力

计算机的记忆是通过计算机的存储器来实现的，它不仅记忆计算过程中的原始数据、计算结果与最终结果，还可以记忆计算机工作的程序。存储程序是计算机自动化工作的基础，不仅可以存储文字、图像、声音信息，而且可以对这些信息进行分析、加工、重新组合，以满足各种信息处理的要求。

（5）具有逻辑思维和判断能力

计算机的逻辑思维和判断是计算机基本的功能，是人工智能的基础，使计算机始终处于最佳工作状态。

（6）通用性强

计算机采用数字化信息来表示数值与其它各种类型的信息（如文字、图形、声音等），采用逻辑代数作为硬件设计的基本数学工具。一般来说，凡是能用数字化形式表示的信息，都可以归结为算术运算或逻辑运算的计算，凡是能够严格规则化的工作，都可由计算机来处理。因此计算机具有极强的通用性，能应用于科学技术的各个领域，并渗透到社会生活的各个方面。

5. 计算机的应用

计算机已经应用到工业、农业、商业、国防科技、文化、教育以及社会生活的各个领域。计算机应用可以概括为以下方面：

（1）科学计算

是指利用计算机来完成科学研究和工程技术中提出的数学问题的计算。在现代科学技术工作中，科学计算问题是大量的和复杂的。利用计算机的高速计算、大存储容量和连续运算的能力，可以实现人工无法解决的各种科学计算问题。

例如，建筑设计中为了确定构件尺寸，通过弹性力学导出一系列复杂方程，长期以来由于计算方法跟不上而一直无法求解。而计算机不但能求解这类方程，并且能够实现弹性理论上的一次突破，出现了有限单元法。

（2）数据处理（或信息处理）

目前，数据处理已广泛地应用于办公自动化、企事业计算机辅助管理与决策、情报检索、图书管理动画设计、会计电算化等各行各业。信息正在形成独立的产业，多媒体技术使信息展现在人们面前的不仅是数字和文字，也有声情并茂的声音和图像信息。

（3）过程控制（或实时控制）

过程控制是利用计算机及时采集检测数据，按最优值迅速地对控制对象进行自动调节或自动控制。优势：可以大大提高控制的自动化水平，提高控制的及时性和准确性，改善劳动条件，提高产品质量及合格率。目前，已经在航天、机械、冶金、化工等部门得到广泛应用。例如，在汽车工业方面，利用计算机控制机床和整个装配流水线，不仅可以实现精度要求高、形状复杂的零件加工自动化，而且可以使整个车间或工厂实现自动化。

（4）辅助技术（或计算机辅助设计与制造）

计算机辅助技术包括 CAD、CAM 和 CAI 等。将 CAD 和 CAM 技术集成，实现设计生产自动化，这种技术被称为计算机集成制造系统（CIMS）。它的实现将真正做到无人化工厂(或车间)。

（5）网络应用

计算机技术与现代通信技术的结合构成了计算机网络。计算机网络的建立,不仅解决了一个单位、一个地区、一个国家中计算机与计算机之间的通讯,各种软、硬件资源的共享,也大大促进了国际间的文字、图像、视频和声音等各类数据的传输与处理。

（6）人工智能

人工智能(Artificial Intelligence)是指用计算机来模拟人类的智能活动,诸如感知、判断、理解、学习、问题求解和图像识别等,即让计算机具有类似于人类的"思维能力",它是计算机应用研究的前沿学科。应用领域主要有图像识别、语言识别、合成、专家系统、机器人等。在军事、化学、气象、地质、医疗等行业都有广泛的应用。例如,用于医学方面的能模拟高水平医学专家进行疾病诊疗的专家系统,以及具有一定思维能力的智能机器人等。

（7）电子商务

电子商务(E-Business)是指在 Internet 上进行网上商务活动,始于 1996 年,发展迅速,现全球已有许多企业先后开展了"电子商务"活动。它涉及企业和个人各种形式的、基于数字化信息处理和传输的商业交易,其中的数字化信息包括文字、语音和图像。从广义上讲,电子商务既包括电子邮件(E-mail)、电子数据交换(EDI)、电子资金转账(EFT)、快速响应(QR)系统、电子表单、信用卡交易等电子商务的一系列应用,又包括支持电子商务的信息基础设施。从狭义上讲,电子商务仅指企业——企业(B2B)、企业——消费者(B2C)之间的电子交易。

电子商务的主要功能包括网上广告和宣传、订货、付款、货物递交、客户服务等,另外,还包括市场调查分析、财务核算及生产安排等。电子商务以其高效率、低支出、高收益和全球性的优点,很快受到了各国政府和企业的广泛重视。

知识链接

未来计算机：

（1）量子计算机

量子计算机是一类遵循量子力学规律进行高速数学和逻辑运算、存储及处理的量子物理设备，当某个设备是由量子元件组装，处理和计算的是量子信息，运行的是量子算法时，它就是量子计算机。

（2）神经网络计算机

人脑总体运行速度相当于每秒 1000 万亿次的电脑功能，可把生物大脑神经网络看做一个大规模并行处理的、紧密耦合的、能自行重组的计算网络。从大脑工作的模型中抽取计算机设计模型，用许多处理机模仿人脑的神经元机构，将信息存储在神经元之间的联络中，并采用大量的并行分布式网络就构成了神经网络计算机。

（3）化学、生物计算机

在运行机理上，化学计算机以化学制品中的微观碳分子作信息载体，来实现信息的传输与存储。DNA 分子在酶的作用下可以从一种基因代码通过生物化学反应转变为另一种基因代码，转变前的基因代码可以作为输入数据，反应后的基因代码可以作为运算结果，利用这一过程可以制成新型的生物计算机。生物计算机最大的优点是生物芯片的蛋白质具有生物活性，能够跟人体的组织结合在一起，特别是可以和人的大脑和神经系统有机的连接，使人机接口自然吻合，免除了繁琐的人机对话，这样，生物计算机就可以听人指挥，成为人脑的外延或扩充部分，还能够从人体的细胞中吸收营养来补充能量，不要任何外界的能源，由于生物计算机的蛋白质分子具有自我组合的能力，从而使生物计算机具有自调节能力、自修复能力和自再生能力，更易于模拟人类大脑的功能。现今科学家已研制出了许多生物计算机的主要部件—生物芯片。

（4）光计算机

光计算机是用光子代替半导体芯片中的电子，以光互连来代替导线制成数字计算机。与电的特性相比光具有无法比拟的各种优点：光计算机是"光"导计算机，光在光介质中以许多个波长不同或波长相同而振动方向不同的光波传输，不存在寄生电阻、电容、电感和电子相互作用问题，光器件有无电位差，因此光计算机的信息在传输中畸变或失真小，可在同一条狭窄的通道中传输数量大得难以置信的数据。

任务 1.2 认识计算机中数的表示与编码

【任务解析】

日常生活中大都采用十进制计数,对十进制最习惯。其它进制,如十二进制(一打＝12 个(双、支…)),商业很多产品包装的计量单位"一打";如十六进制(一斤＝16 两＝160 钱),在某些场合如中药、金器的计量单位自明清以来普遍采用这种计数方法。明明想学习计算机中数据的表示,进制之间的转换和信息编码。你能帮助他吗?

【知识要点】

☞ 数制
☞ 计算机中数据的表示
☞ 数据与编码
☞ 数据与存储

【任务实施】

1. 数制

数制是用一组固定的数字和一套统一的规则来表示数目的方法。

按照进位方式计数的数制叫进位计数制。进位计数涉及基数与各数位的位权。十进制计数的特点是"逢十进一",在一个十进制数中,需要用到十个数字符号 0～9,其基数为10。在任何进制中,一个数的每个位置都有一个权值。

(1)基数

基数是指该进制中允许选用的基本数码的个数。每一种进制都有固定数目的计数符号。如表 1-2-1 所示。

表 1-2-1 进制示意表

进制	基数	数码记数符号	进位规则
十进制	为 10	0,1,2,3,4,5,6,7,8,9	逢十进一
二进制	为 2	0,1	逢二进一
八进制	为 8	0,1,2,3,4,5,6,7	逢八进一
十六进制	为 16	0,1,2,3,4,5,6,7,8,9,A,B,C,D,E,F	逢十六进一

十进制:基数为 10,有 10 个记数符号:0、1、2、……9。每一个数码符号根据它在这个数中所在的位置(数位),按"逢十进一"来决定其实际数值。

二进制:基数为 2,有 2 个记数符号:0 和 1。每个数码符号根据它在这个数中的数位,按"逢二进一"来决定其实际数值。

八进制:基数为 8,有 8 个记数符号:0、1、2、……7。每个数码符号根据它在这个数中的数位,按"逢八进一"来决定其实际的数值。

十六进制:基数为 16,16 个记数符号,0~9,A,B,C,D,E,F。其中 A~F 对应十进制的 10~15。每个数码符号根据它在这个数中的数位,按"逢十六进一"决定其实际的数值。

(2) 数制中的位权

一个数码处在不同位置上所代表的值不同,如数字 5 在十位数位置上表示 50,在千位数上表示 5000,而在小数点后 1 位即十分位上表示 0.5,可见每个数码所表示的数值的大小与每个数码对应位置的计数单位相关,每个固定位置对应的计数单位是个常数,该计数单位叫做位权。

位权的大小是以基数为底、数码所在位置的序号为指数的整数次幂。十进制的个位数位置的位权是 10^1,十位数位置上的位权为 10^1,小数点后 1 位的位权为 10^{-1}。

例如:十进制数 36918.576 的值为:

$(36918.576)_{10} = 3 \times 10^4 + 6 \times 10^3 + 9 \times 10^2 + 1 \times 10^1 + 8 \times 10^0 + 5 \times 10^{-1} + 7 \times 10^2 + 6 \times 10^{-3}$,其中:

+号(小数点位置)左边:从右→左,每一位数码对应权值分别为 10^0、10^1、10^2、10^3、10^4

+号(小数点位置)右边:从左→右,每一位数码对应的权值分别为 10^{-1}、10^{-2}、10^{-3}

例如:二进制数 $(110101.101)_2 = 1 \times 2^5 + 1 \times 2^4 + 0 \times 2^3 + 1 \times 2^2 + 0 \times 2^1 + 1 \times 2^0 + 1 \times 2^{-1} + 0 \times 2^{-2} + 1 \times 2^{-3}$

+号(小数点位置)左边:从右向左,每一位对应的权值分别为 2^0、2^1、2^2、2^3、2^4

+号(小数点位置)右边:从左向右,每一位对应的权值分别为 2^{-1}、2^{-2}、2^{-3}

不同的进制由于其进位的基数不同权值是不同的,但各数制之间有一定的关系,可以方便地实现这些进位制之间的转换。

对于任意进制数转换为十进制,都可以用位权展开式表示如下:

$N = a_{n-1} \times r^{n-1} + a_{n-2} \times r^{n-2} + \cdots + a_1 \times r^1 + a_0 \times r^0 + a_{-1} \times r^{-1} + \cdots + a_{-m} \times r^{-m}$

或者写为:

$$N = \sum_{i=-m}^{n-1} a_i r^i$$

其中:N 为十进制展开表达式的值,a_i 是数码,r 是基数,r^i 是权。

2. 计算机中数的表示

(1) 二进制的特点

18 世纪,德国数学家莱布尼茨发明的二进制是对人类的一大贡献。莱布尼茨发明的二进制是受中国古代八卦图启迪。他认为最早的二进制表示起源于中国古代伏曦氏的八卦,二进制的思想是中国人的发明。八卦是中国最早的计数文字,结束了"结绳记事"的历史。古代《易经》中由阴(ーー)、阳(ー)相爻而成八卦,若把阴视为"0",把阳视为"1",八卦中的坤、震、坎、兑、艮、离、巽、乾正好对应于 0,1,2,3,4,5,6,7 八个自然数的二进制表示。

十进制是人类最为方便的进制表示,但在计算机中所有的数据都是采用二进制表示的。采用二进制原因有四点:

① 容易实现

采用二进制,只有 0 和 1 两个状态,计算机中很多电子器件的工作状态和 0、1 两种状态相符,较容易实现。如开关的接通和断开,灯光的亮与灭、晶体管的导通和截止、电容的饱和与不饱和等都可用 0、1 两个数码表示。

② 运算规则简单

二进制数的运算规则较少,运算简单,使计算机运算器的硬件结构大大简化。十进制的乘法(九九口诀表)55 条公式,而二进制加、减、乘、除法只有 4 条规则。

③ 易于应用逻辑代数

逻辑代数是计算机电路实现的基础。逻辑代数表示判断是用逻辑变量"真(true)"值和"假(false)"值表示的,与二进制的 0 和 1 正好相对应,用逻辑代数分析逻辑电路,为计算机逻辑电路设计提供了方便。

(2) 计算机中数的二进制表示

计算机处理的数据分为数值型数据和非数值型数据两大类。数值型数据的表示方法有两大类:直接用二进制数据表示或者采用二进制编码的十进制(BCD 码——Binary Coded Decimal Number)表示;非数值型数据要经过编码转换成二进制数据。

(3) 十进制数转换为二进制数

常常在十进制数据后面标记 D,二进制数后边标记 B。如十进制数 23 可以标记为 $(23)_D$ 和 $(23)_{10}$;同理,二进制数据 110101 可以标记为 $(110101)_B$ 和 $(110101)_2$。

在计算机内部,所有的数据都是采用二进制表示的。

人们的输入与计算机的输出是十进制表示,这就存在二进制和十进制间的转换问题,其中数制转换的原理如表 1-2-2 所示。

表 1-2-2　十进制数转换为二进制数规则

整数部分和小数部分分别遵守不同的转换规则		
整数部分	除以 2 取余法,即整数部分不断除以 2 取余数,直到商为 0 为止,最先得到的余数为最低位,最后得到的余数为最高位。	按照从高位向低位取出余数,即为十进制整数对应的二进制整数。
小数部分	乘 2 取整法,即小数部分不断乘以 2 取整数,直到小数为 0 或达到有效精度为止,最先得到的整数为最高位(最靠近小数点),最后得到的整数为最低位。	按照从低位向高位取出整数,即为十进制小数对应的二进制小数。

例 1.1　将 $(39.873)_{10}$ 转换为二进制数

十进制数 39.873 的整数部分 39 和小数部分 0.873 转换为二进制数的方法分别如下:

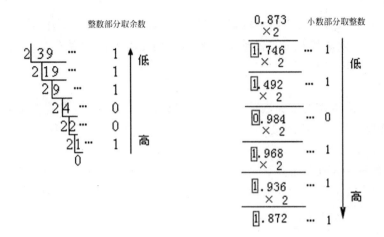

即$(39.873)_{10}=(100111.110111)_2$或者$(39.873)_D=(100111.110111)_B$

（4）各种数制间的转换

① 二进制数转换为十六进制数

十六进制在计算机中使用较普遍，主要是在表示存储地址时，由于用二进制书写位数太多，为了缩短长度，常用十六进制，十六进制数在后边标记 H。

十六进制与二进制之间有一定的联系，$2^4=16$，一位最大的十六进制数 F 和四位最大的二进制数相等，故四位二进制数码与一位十六进制数码相对应，即"四位对应一位"就是二进制换为十六进制的基本规则。

按照"四位对应一位"规则，对于一个二进制数，以小数点为界，整数部分，从低位到高位，每四位二进制数对应一位十六进制数，最后不足四位可以补 0，也可以不补 0；小数部分，从高位向低位，每四位二进制数对应一位十六进制，最后不足四位必须补 0，凑够四位，然后对应记下相应的数，整数对应整数，小数对应小数，即为要转换的十六进制数。

例 1.2　将二进制数$(1001101.0111011)_B$转换为十六进制数。

高位◄————————低位

二进制：0100.1101.0111.0110 ◄高位和低位各补一个 0

对应十六进制：　4　D　.　7　6

即$(110\ 1101.0110\ 011)_B=(4D.76)_H$

同理：二进制转换为八进制，是"三位对应一位"。

② 十六进制数转换为二进制数

二进制数转换为十六进制数是按照"四位对应一位"规则，同理，十六进制转换为二进制则按照"一位对应四位"规则，即每一位十六进制数对应四位二进制数，整数对应整数，小数对应小数。

例 1.3　将 5A.C1 转换为二进制

高位◄————————低位

十六进制数：　5　A　.　C　1

对应的二进制数：101.1010.　1100.0001

即 $(5A.C1)_H = (101\ 1010.1100\ 0001)_B$

③ 非十进制数转换成十进制数

利用按权展开的原理,如有一个 n 位整数和 m 位小数的任何进制数 $K_n K_{n-1} \cdots K_1 K_{-1} \cdots K_{-m}$,要转换为十进制数可用以下公式表示:

$$K = K_n \times D^{n-1} + K_{n-1} \times D^{n-2} + \cdots + K_1 \times D^0 + K_{-1} \times D^{-1} + \cdots + K_{-m} \times D^{-m}$$

对于二进制、八进制、十进制和十六进制其 D 分别为 2、8、10、16。

下面是将二进制、八进制和十六进制数转换为十进制数的例子。

例 1.4　将二进制数 101.101 转换成十进制数。

$(101.101)_2 = 1 \times 2^2 + 1 \times 2^0 + 1 \times 2^{-1} + 0 \times 2^{-2} + 1 \times 2^{-3} = 4 + 1 + 0.5 + 0.125 = (5.625)_{10}$

例 1.5　将二进制数 110101 转换成十进制数。

$10101B = 1 \times 2^5 + 1 \times 2^4 + 0 \times 2^3 + 1 \times 2^2 + 0 \times 2^1 + 1 \times 2^0 = 32 + 16 + 4 + 1 = 53D$

例 1.6　将八进制数 37.2 转换成十进制数。

$(37.2)_8 = 3 \times 8^1 + 7 \times 8^0 + 2 \times 8^{-1} = 24 + 7 + 0.25 = (31.25)_{10}$

例 1.7　将十六进制数 B7.A 转换成十进制数。

$(B7.A)_{16} = 11 \times 16^1 + 7 \times 16^0 + 10 \times 16^{-1} = 176 + 7 + 0.625 = (183.625)_{10}$

④ 八进制数转换成二进制数

八进制数转换成二进制数非常方便,由于 $2^3 = 8$,1 位八进制数恰好等于 3 位二进制数

例 1.8　将下列八进制数和十六进制数转换成二进制数。

$$(2614)_8 = \left(\underset{2}{010} \quad \underset{6}{110} \quad \underset{1}{001} \quad \underset{4}{100} \right)_2$$

⑤ 二进制数转换成八进制数

其过程与八进制数和十六进制数转换成二进制数相反,即将三位二进制数代之以与其等值的一位八进制数字。

例 1.9　将二进制数 101001000011 转换成八进制数和十六进制数。

$$\left(\underset{5}{101} \quad \underset{1}{001} \quad \underset{0}{000} \quad \underset{3}{011} \right)_2 = (5103)_8$$

 知识链接

在二进制数据中,中间的"0"是有效数字,不能省略,如 100.01;整数部分最前边的 0 和小数部分最后面的 0,是无效数字,可以省略,如 101011.101 可以写成 0010 1011.1010。

---

3. 计算机中数据存储与编码

(1)数据和信息

一切可以被计算机加工、处理的对象(包括数字、文字、表格、声音、图形、图像和动画等)被送入计算机加以处理(包括存储、建库、传送、转换、计算、排序、合并、分类、汇总、统

计、传送等操作)最后提取出来给用户的有用的数据,就称为信息。如:事物的数量(例如产量、资金、职工人数和物品数量等);事物的名称或代号(例如城市名、学校名和职工名等);事物抽象的性质(例如人的健康状况、文化程度、政治面貌和工作能力等)。

(2) 计算机中数据的存储单位

计算机中最小的存储单位是位(英文名称为 bit,音译为比特,简称为 b)。一个位存储的信息量是一个二进制数,要么为 0,要么为 1。

二进制序列用以表示计算机、电子信息数据容量的量纲,基本单位为字节(Byte,简写为 B),一个字节包含八个二进制数位,即可以存放八个二进制数(1B=8b)。字节向上分别为 KB. MB. GB. TB. PB 等,每级为前一级的 1024 倍,即:

1KB=2^{10}B=1024B

1MB=2^{10}KB=1024KB

1GB=2^{10}MB=1024MB

1TB=2^{10}GB=1024GB

1PB=2^{10}TB=1024TB

(3) 信息编码

计算机中使用的数据有两类:数值型数据(有正负可比大小)和非数值型数据(如字符、汉字等)。信息编码就是指对输入到计算机中的各种数值和非数值型数据用二进制数进行编码。不同机器、不同类型的数据其编码方式是不同的,为了使信息的表示、交换、存储或加工处理更为方便,通常采用统一的国家标准或国际标准进行编码。

表示英文字符用 ASCII 码,表示汉字用机内码,汉字输入用外码等。以此来完成计算机内部和键盘等终端之间以及计算机之间的信息交换。在输入过程中,系统自动将用户输入的数据转换成二进制编码数据存入计算机存储单元中。在输出过程中,再由系统自动将二进制编码数据转换成用户可以识别的格式输出数据。

① ASCII 码(即 American Standard Code for Information Interchange,美国信息交换标准代码,简写为 ASCII)是对英文字符、数字、特殊符号的编码,是目前国际上流行的字符编码方案。

ASCII 码是一个七位编码,它可以表示 2^7 即 128 个字符,其中大小写英文字母 A～Z,a～z 各 26 个、10 个数字 0～9、32 个标点符号和运算符、34 个控制字符,表 1-2-3 给出了七位 ASCII 码表。表 1-2-3 中各特殊符号的含义如表 1-2-4 所示。

表 1-2-3　七位 ASCII 码表

$B_4 b_3 b_2 b_1$ 位	$B_7 b_6 b_5$ 位							
	000	001	010	011	100	101	110	111
0000	NUL	DLE	sp	0	@	P	、	p
0001	SOH	DC1	!	1	A	Q	a	q
0010	STX	DC2	"	2	B	R	b	r
0011	ETX	DC3	#	3	C	S	c	s

续表

$B_4 b_3 b_2 b_1$ 位	$B_7 b_6 b_5$ 位							
	000	001	010	011	100	101	110	111
0100	EOT	DC4	$	4	D	T	d	t
0101	ENQ	NAK	%	5	E	U	e	u
0110	ACK	SYN	&	6	F	V	f	v
0111	BEL	ETB	,	7	G	W	g	w
1000	BS	CAN	(	8	H	X	h	x
1001	HT	EM	)	9	I	Y	i	y
1010	LF	SUB	*	:	J	Z	j	z
1011	VT	ESC	+	;	K	\[	k	{
1100	FF	FS	'	<	L	\\	l	|
1101	CR	GS	-	=	M	\]	m	}
1110	SO	RS	.	>	N	↑	n	~
1111	SI	US	/	?	O	↓	o	DEL

虽然标准 ASCII 码是 7 位编码,由于计算机基本处理单位为字节(1byte = 8bit),所以一般仍以一个字节来存放一个 ASCII 字符。每一个字节中最高位在计算机内部通常保持为 0。

由于标准 ASCII 字符集字符数目有限,在实际应用中往往无法满足要求,国际标准化组织又制定了一批适用于不同地区的扩充 ASCII 字符集,每种扩充 ASCII 字符集分别可以扩充 128 个字符,这些扩充字符的编码均为最高位为 1 的 8 位代码(即十进制数 128~255),称为扩展 ASCII 码。

表 1-2-4 七位 ASCII 码表中特殊符号的含义

符号名称	符号含义	符号名称	符号含义	符号名称	符号含义
NUL	空格	LF	换行	ETB	信息传送结束
SOH	标题开始	FF	换页	CAN	作废
STX	正文开始	CR	回车	EM	纸尽
ETX	正文结束	VT	垂直列表	SUB	取代
BOT	传输结束	DEL	删除	ESC	扩展
ENQ	询问	SO	移位输出	FS	文字分隔符
ACK	确认	SI	移位输入	GS	组分隔符
BEL	告警	DLE	转义	RS	记录分隔符
SP	空格	DC1-4	设备控制	US	单元分隔符
BS	退格	1-4NAK	否认		
HT	横向列表	SYN	空转同步		

② 汉字编码

汉字也是字符,但它比西文字符量多且复杂,给计算机处理带来了困难。汉字处理技术首先要解决的是汉字输入、输出及计算机内部的编码问题。根据汉字处理过程中的不同要求,有多种编码形式,主要可分为四类:汉字输入码、汉字交换码、汉字机内码和汉字字型码。

Ⅰ 汉字输入码

汉字输入码的实质就是用字母、数字和一些符号代码的组合来描述汉字。目前,汉字输入码的方案有很多种,主要可分为四种:数字编码、字音编码、字形编码和音形编码。

Ⅱ 汉字交换码

汉字交换码是指在汉字信息处理系统之间或者信息处理系统与通信系统之间进行汉字信息交换时所使用的编码。设计汉字交换码编码体系应该考虑如下几点:被编码的字符个数尽量多,编码的长度尽可能短,编码具有唯一性,码制的转换尽可能方便。

Ⅲ 汉字机内码

汉字机内码或汉字内码是汉字在信息处理系统内部最基本的表达形式,是在设备和信息处理系统内部存储、处理、传输汉字用的代码。汉字机内码与汉字交换码有一定的对应关系,它借助某种特定标识信息来表明它与单字节字符的区别。

$$汉字机内码=汉字国标码+8080H$$

例如,汉字"啊",其国标码为3021H,则其机内码为:

$$3021H+8080H=B0A1H$$

Ⅳ 汉字字形码

汉字字型码用在显示或打印输出汉字时产生的字型,该种编码是通过点阵形式产生的。不论汉字的笔画多少,都可以在同样大小的方块中书写,从而把方块分割为许多小方块,组成一个点阵,每个小方块就是点阵中的一个点,即二进制的一个位。每个点由"0"和"1"表示"白"和"黑"两种颜色。这样就得到了字模点阵的汉字字型码,如下图1-2-1所示。

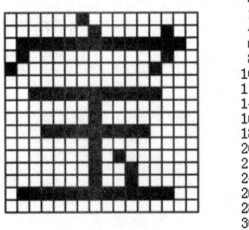

0 02H	1 00H
2 01H	3 04H
4 7FH	5 FEH
6 40H	7 04H
8 80H	9 08H
10 00H	11 00H
12 3FH	13 F8H
14 01H	15 00H
16 01H	17 00H
18 1FH	19 F0H
20 01H	21 00H
22 01H	23 40H
24 01H	25 20H
26 01H	27 20H
28 7FH	29 FCH
30 00H	31 00H

图 1-2-1 "宝"字的 16×16 点阵字形示意图

　　目前计算机上显示使用的汉字字型大多采用 16×16 点阵,这样每个汉字的汉字字型码就要占 32 个字节(16×16÷8),书写时常用十六进制数来表示。而打印使用的汉字字型大多为 24×24 点阵,即一个汉字要占用 72 个字节,更为精确的汉字字型还有 32×32 点阵、48×48 点阵等。显然,点阵的密度越大,汉字输出的质量也就越好。

【答疑解惑】

　　将十进制数 15～20 转换成二进制,再将二进制数分组转换为十六进制和八进制。

　　☑将 15～20 十进制数转换成二进制、二进制分别转换成十六进制和八进制,如表 1-2-5 所示。

表 1-2-5　十进制数转换成二进制、二进制转换为十六进制和八进制对照表

十进制	二进制	十六进制 四位对应一位分组	八进制 三位对应一位分组
15	$1111 = 1*2^3+1*2^2+1*2^1+1*2^0$ $= 1*2^3+1*2^2+1*2^1+1*2^0$	$\underline{1111}\rightarrow(F)_H$ 1　　5	$\underline{001.111}\rightarrow(17)_8$ 1　　7
16	$1\,0000 = 1*2^4+0*2^3+0*2^2+0*2^1+0*2^0$ $= 16+0+0+0+0$	$\underline{0001.0000}\rightarrow(10)_H$ 1　　0	$\underline{010.000}\rightarrow(20)_8$ 2　　0
17	$1\,0001 = 1*2^4+0*2^3+0*2^2+0*2^1+1*2^0$ $= 16+0+0+0+1$	$\underline{0001.0001}\rightarrow(11)_H$ 1　　1	$\underline{010.001}\rightarrow(21)_8$ 2　　1
18	$1\,0010 = 1*2^4+0*2^3+0*2^2+1*2^1+0*2^0$ $= 16+0+0+2+0$	$\underline{0001.0010}\rightarrow(12)_H$ 1　　2	$\underline{010.010}\rightarrow(22)_8$ 2　　2
19	$1\,0011 = 1*2^4+0*2^3+0*2^2+1*2^1+1*2^0$ $= 16+0+0+2+1$	$\underline{0001.0011}\rightarrow(13)_H$ 1　　3	$\underline{010.011}\rightarrow(23)_8$ 2　　3
20	$1\,0100 = 1*2^4+0*2^3+1*2^2+0*2^1+0*2^0$ $= 16+0+4+0+0$	$\underline{0001.0100}\rightarrow(14)_H$ 1　　4	$\underline{010.100}\rightarrow(24)_8$ 2　　4

任务 1.3　认识微型计算机系统组成

【任务解析】

　　李明知道单位办公用机和笔记本电脑都属于微型机,他想多了解一些有关微型计算机系统方面的知识。

【知识要点】

☞ 微型计算机概述

☞ 微型计算机的性能指标

☞ 微型计算机硬件系统

☞ 微型计算机操作系统

【任务实施】

1. 微型计算机概述

1971 年，Intel 公司推出了世界上第一台微处理器 4004，拉开了微型计算机发展的序幕。至今，微型计算机大约每隔 2～4 年就更新换代一次，已经经历了四代。微型计算机的发展历程，通常是按其 CPU 字长和功能来划分的，如表 1-3-1 所示。

表 1-3-1 微型计算机发展

发　　展	代　　表
第一代(1971—1973)： 4 位或低档 8 位微处理器和微型机	美国 Intel 公司的 4004 微处理器及由它组成的 MCS-4 微型机
第二代(1974—1978)： 中档的 8 位微处理器和微型机	美国 Intel 公司的 8080、Motorola 公司的 MC6800
第三代(1978—1981)： 16 位微处理器和微型机	美国 Intel 公司的 8086，Z8000 和 MC68000
第四代(1985 年以后)： 32 位高档微型机	美国 Intel 公司的 80386、80486 等及 Pentium(奔腾)系列

微型计算机又称为个人计算机或 PC(Personal Computer，简称 PC)，统计表明：90％以上的用户使用的都是微型计算机，微型计算机以其体积小、重量轻、设计先进、软件丰富、价格低廉、功能齐全等优点受到广大计算机用户的青睐。图 1-3-1 是常见的微型计算机。

台式机　　　　　　　　　　笔记本　　　　　　　　　　一体机

图 1-3-1 常见的微型计算机

2. 微型计算机硬件组成

微型计算机硬件系统也是由存储器、运算器、控制器、输入设备和输出设备五部分组成，如图 1-3-2 所示。

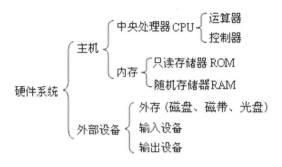

图 1-3-2　微型计算机硬件系统

（1）主板

主板又叫主机板（mainboard）、系统板（systemboard）或母板（motherboard），它安装在机箱内，是微机最基本的也是最重要的部件之一。主板一般为矩形电路板，微型计算机是以主板为中心构成的系统，它将 CPU 插座、内存条插座、基本输入输出系统（Basic Input Output System 简写为 BIOS）、高速缓存（Cache）、I/O 扩展槽、键盘接口、硬盘接口、软驱接口、电源接口、串口与并行口、电源开关和指示灯插座、ISA 总线、PCI 总线、控制芯片组等集成到一块主板上，如图 1-3-3 所示。

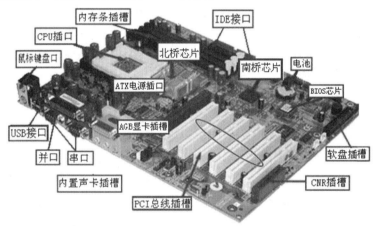

图 1-3-3　主板

知识链接

（1）BIOS 芯片：BIOS 是英文 Basic Input/output System 的缩写，是基本输入/输出系统，用于存放电脑中最基础的而又最重要的程序。

（2）PCI：是 Peripheral Component Interconnect 的缩写，即外设部件互连标准，是目前个人电脑中使用最为广泛的接口，也是主板带有最多数量的插槽类型。

（3）CNR：是 CommunicATIon Network Riser，是通信网络插卡（Communications & Network Riser）规范的简称，为宽频网络设计，可以连接网卡、Modem，还能使用家庭电话网络（Home PNA）。功能先进于 AMR，大小比 AMR 稍长一点，针脚定义也不同，所以它们之间无法兼容。

（4）芯片组（Chipset）：是主板的核心组成部分，如果说中央处理器（CPU）是整个电脑系统的心脏，芯片组则是整个身体的躯干，决定了主板的性能和价格。主板上的芯片组由北桥芯片和南桥芯片组成。北桥芯片提供对 CPU 的类型和主频、内存的类型和最大容量、ISA/PCI/AGP 插槽、ECC 纠错等支持。南桥芯片则提供对 KBC（键盘控制器）、RTC（实时时钟控制器）、USB（通用串行总线）、ACPI（高级能源管理）等的支持。其中北桥芯片起着主导性的作用，又称为主桥（Host Bridge）。

（2）中央处理器（CPU）

① 运算器

运算器主要完成算术运算和逻辑运算，是对信息加工和处理的部件，它主要由算术逻辑部件、寄存器组成。它在控制器的作用下与内存交换数据，负责进行各类基本的算术运算、逻辑运算和其他操作。在运算器中含有暂时存放数据或结果的寄存器。运算器由算术逻辑单元（ArithmeticLogicUnit，ALU）、累加寄存器、状态条件寄存器和数据缓冲寄存器等组成。ALU 是用于完成加、减、乘、除等算术运算，与、或、非等逻辑运算以及移位、求补等操作的部件。

② 控制器

是计算机的核心部件，用来协调和指挥整个计算机系统各部件协调一致地工作。

目前，计算机通常采用并行处理，即把具有多个 CPU、同时去执行程序的计算机系统称为多处理器系统。依靠多个 CPU 同时并行地运行程序是实现超高速计算的一个重要方向。

CPU 品质的高低，直接决定了一个计算机系统的档次。反映 CPU 品质的最重要指标是主频和字长。（详阅本任务实施步骤三、微型计算机的性能指标）

（3）存储器

存储器是计算机系统内最主要的记忆装置。按功能分为内存储器和外存储器。如图1-3-4 所示。

① 内存储器（又称主存储器，简称内存、主存）

内存就是暂时存储正在运行的程序以及数据的地方，比如在键盘上敲入字符时，它就被存入内存中,当选择存盘时,内存中的数据才会被存入硬(磁)盘。内存一般采用半导体存储单元,包括随机存储器(RAM),只读存储器(ROM),以及高速缓存(Cache)。RAM是其中最重要的存储器,决定主存容量大小。

 知识链接

　　(1) ROM(Read Only Memory):是只读存储器,在制造 ROM 的时候,信息(数据或程序)就被用特殊的方法写入并能永久保存,这些信息只能读取不能写入,即使机器停电,这些数据也不会丢失。ROM 一般用于存放计算机的基本程序和数据,如 BIOS,其物理外形一般是双列直插式(DIP)的集成块,我们称之为"软件的固化"。

　　(2) 随机存储器(Random Access Memory):即用户既可以从中读取数据,也可以写入数据。当电脑电源关闭时,存于其中的数据就会丢失。我们平常购买或升级用的内存条就是电脑的内存,内存条(SIMM)就是将 RAM 集成块集中在一起的一小块电路板,它插在计算机中的内存插槽上,以减少 RAM 集成块占用的空间。目前市场上常见的内存条容量有 2G、4G、8G 甚至更大。

　　(3) Cache:是高速缓冲存储器。有的机器的内存包含一级缓存(L1 Cache)、二级缓存(L2 Cache)、三级缓存(L3 Cache)。它位于 CPU 与内存之间,是一个读写速度比内存更快的存储器。当 CPU 向内存中写入或读出数据时,这个数据也被存储进高速缓冲存储器中。当 CPU 再次需要这些数据时,CPU 就从高速缓冲存储器读取数据,而不是访问较慢的内存,当然,如需要的数据在 Cache 中没有,CPU 会再去读取内存中的数据。

　　② 外存储器(简称外存,又称辅助存储器)

　　外存储器是指除计算机内存及 CPU 缓存以外的储存器,是计算机存储数据的仓库。由于内存空间有限,不能永久保存信息,通常把常用的重要信息保存在外存储器上。计算机运行存放在外存中的信息时,必须先将外存中的信息调入内存才能运行。PC 常见的外部存储器有:硬盘、光盘、可移动磁盘等。如图 1-3-4 所示。

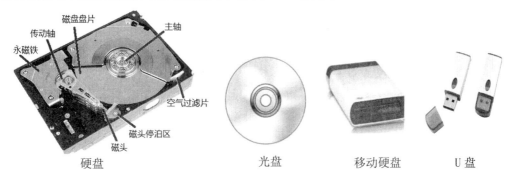

图 1-3-4　存储器

知识链接

硬盘不直接与 CPU 打交道,而是直接与内存交换数据。CPU 运算所需要的信息来自内存。

Ⅰ 硬盘

硬盘是由涂上磁性材料的金属、陶瓷或玻璃制成的多个硬盘基片组成,每个盘片要分为若干个磁道和扇区,多个盘片表面的相应磁道将在空间上形成多个同心圆柱面,通常被封装在一个方形容器中,安装在主机箱中。目前主流硬盘容量为 120～500GB,目前已达到 1PB 以上。特点:内存储器比硬盘速度快,价格贵,容量小,断电后内存内数据会丢失;硬盘价格低,容量大,速度慢,断电后数据不会丢失。

知识链接

(1) 磁盘格式化:是把磁盘划分为磁道和扇区的过程。

(2) 格式化的作用:①对新磁盘划分为磁道和扇区,供计算机储存,读取数据;②对旧磁盘,删除磁盘上存储的信息,同时对硬盘介质做一致性检测,标记出不可读和坏的扇区。

Ⅱ 光盘

光盘是以光信息为载体来存储数据的磁盘。光盘信息通过光盘驱动器(简称光驱)读取上面的信息,光驱是多媒体电脑不可缺少的硬件配置。光盘分为两类:不可擦写光盘(如 CD-ROM、DVD-ROM 等)和可擦写光盘(如 CD-RW、DVD-RAM 等)。目前主流的光盘容量一般为:DVD 是 4.7GB. CD 是 700MB。特点:光盘存储容量大,价格便宜,保存时间长,适宜保存大量的数据,如声音、图像、动画、视频信息、电影等多媒体信息。

Ⅲ 可移动磁盘

可移动磁盘是可移动的存储设备。目前主要有两类:基于芯片存储的 U 盘和移动硬盘。特点:U 盘容量较小,体积小巧,抗震,价格便宜,携带方便,当前主流容量有 4GB. 8GB 和 16GB 等;可移动磁盘容量大、体积稍大、抗震稍差,价格高,不利于携带。当前主流容量有 40GB. 80GB. 160GB,甚至可高达 4TB。

(4) 输入设备(Input Device)

输入设备是人机交互的一种部件,用于数据的输入。常用的输入设备有:键盘、鼠标和其它输入设备如光学标识阅读机等。

① 键盘(Keyboard)

键盘是微机常用的输入设备,常用的键盘有 101、104 键盘。如图 1-3-5 所示 104 键盘示意图。标准键盘的布局分五个区域,即主键盘区、全屏幕编辑区、功能键区、辅助键盘区和状态指示区。

① 主键盘区共有 62 个键,包括数字、符号键(22 个)、字母键(26 个)、控制键 (14 个)。

② 数字键盘区共用 30 个键,包括光标移动键(4 个)、算术运算符键(4 个)、数字键(10 个)、编辑键(4 个)、数字锁定键、打印屏幕键等。

③ 功能键共有 12 个,包括 F1~F12。F1~F6 的功能是由系统锁定的,F7~ F12 的功能可根据软件的需要由用户自定义。

④ 辅助键盘区在右侧,共 17 个键,包括数字键,光标键和部分控制键。

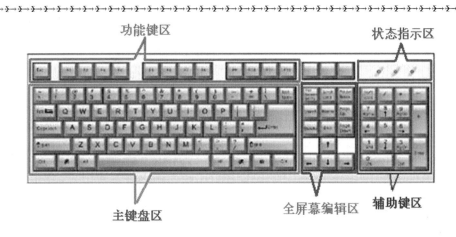

图 1-3-5　104 键盘

Ⅰ 主键盘区

又称为打字机键区,主要是由英文字母(A~Z 共 26 个大写字母,根据需要可以转换为小写)、数字(0~9 共 10 个数字)、标点符号、运算符以及几个特殊控制字符组成。下面主要介绍键盘上特殊控制字符键的使用,如表 1-3-2 所示。

表 1-3-2　特殊控制字符键的功能

功能键		功能
上档字符键	Shift	功能有二:①在数字键和其它键上有两个字符,上面的字符称为上档字符,下面的字符称为下档字符。输入下档字符可以直接敲字符所在键;输入上档字符则需要同时按【Shift 键＋字符所在键】组合键。②按住【Shift】键可以起到英文大/小写和中文/英文转换的作用。
字符锁定键	CapsLock	它是一个开关键。用于输入连续的若干个大写英文字符,在汉字状态下,也可以输入连续的英文。
退格键	←Backspace	用于删除插入点左边的字符。

空格键	SPACE	空格键用于输入一个空格。
回车键	Enter	①文档编辑时,用于输入一行的结束或者一个段落的结束。②用于执行菜单命令
特殊控制键	Ctrl、Alt	【Ctrl】和【Alt】单独使用无任何作用,它们需要和其它键结合使用,【Ctrl+Alt+Del】组合键同时按下可以取消当前的任务。
功能键 (16 个)	Esc	逃脱键,①可用于关闭当前打开的对话框。②停止打开当前网页等。③和【Alt】键结合可用于激活已经打开的其它任务。
	PauseBreak	①用于暂停操作。②程序运行过程中可用于暂停程序或命令的执行。③【WIN+Pause/Break】组合键来快速打开系统属性窗口。④进入操作系统前系统自检时,按下【Pause Break】键,界面显示的内容会暂停信息滚屏,按任意键可以继续显示。
	Print Screen	①用于打印整个屏幕。②和【Alt】键结合可用于打印当前活动窗口。
	F1~F12	在不同的系统中定义的功能不同,这些键的功能由软件定义。
	Scroll Lock	滚屏锁定键。①在抓图软件里,可以抓游戏里的图。②在 Excel 中,如果在【Scroll Lock】关闭的状态下使用翻页键(如【Page Up】和【Page Down】)时,单元格选定区域会随之发生移动;反之,若要在滚动时不改变选定的单元格,那只要按下【Scroll Lock】即可。

Ⅱ 全屏幕编辑区

全屏幕编辑区主要用于文字输入时的编辑修改操作,该区共有 10 个键。功能示意如表 1-3-3 所示。

表 1-3-3　全屏编辑区功能介绍

操作键	功能	操作键	功能
Insert	在指定位置插入字符	Page Up	向上翻一屏幕（一页）
Delete	删除插入点后的字符	PageDown	向下翻一屏幕（一页）
Home	将插入点移到行首	Ctrl＋Home	插入点移到文章开始处
End	将插入点移到行尾	Ctrl＋End	插入点移到文章结尾处

Ⅲ 小键盘区

小键盘区指键盘右边的数字键和数学运算符，这些键与键盘上的主键区有重复，主要是方便数字的集中录入，提高数字的输入速度。小键盘中的键一般有两个作用，数字和其它功能，它们之间是通过数字锁定键【NumLock】来切换的，当按下数字键时，数字起作用，否则其它功能起作用。

Ⅳ 键盘的正确使用

键盘是计算机最常用的输入设备，大量的文字、数据是通过键盘进行输入的，所以计算机操作人员在使用键盘时应该有正确的指法和正确姿势。

☞ 正确的指法

熟练正确的录入指法是准确、熟练、快速录入的基础，指法不正确，速度慢且容易出错。计算机主键盘有三行英文字母键，第二行为基准键，分别为"A"、"S"、"D"、"F"、"J"、"K"、"L"、";"八个键。将左手小指、无名指、中指、食指分别置于"A"、"S"、"D"、"F"键上，左手拇指自然向掌心弯曲；将右手食指、中指、无名指、小指分别置于"J"、"K"、"L"、";"键上，右手拇指轻置于空格键上。其中"F"和"J"键上各有一个触摸盲点或横线，输入过程中用来定位双手的食指。图 1-3-6 给出了计算机键盘指法图。

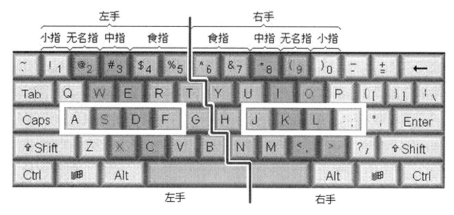

图 1-3-6　键盘指法图

键位与手指对应关系必须掌握好，否则将直接影响其它键的输入，导致输入出错率高。对于基准键以外的字母键采用与八个基准键的键位相对应的位置来记忆，凡在斜线范围内的字键，都必须由规定的左手或右手的同一个手指管理，这样，既方便操作，又便于记忆。

☞ 正确的打字姿势

使用键盘操作时要保持正确的姿势,才有利于打字的准确和速度,且不易引起疲劳。

腰要挺直,双脚自然地踏在地板上,身体可微向前倾。眼睛不要瞪着键盘看,而是看打印的原稿。原稿可以放在键盘的左侧(或右侧),集中视线于原稿。要"眼到、心到、手到",不要三心二意。

上臂和肘靠近身体,下臂和腕向上倾斜,但不可拱起手腕,也不可使手腕触到键盘上。手指轻轻地放在规定的八个基准键位上,并调节好人与键盘的距离以及座椅的高低。

击键时,手腕要平直,手臂要保持静止,全部动作仅限于手指部分。手指要保持弯曲,稍微拱起,指尖后的第一关节微成弧形,分别轻放在字键的中央。输入时手抬起,只有要击键的手指才可伸出击键,击毕立即缩回到基准键位,不可停留在已击的键上。

输入过程中,要用相同的节拍轻轻地击键,不可用力过猛。空格键用右手大拇指横着向下一击并立即回归,每击一次输入一个空格。回车键右手小指击一次【Enter】键,击后右手小指略弯曲迅速回原基准键位。右侧小键盘各键由右手管理。

纯数字输入或编辑时,右手食指、中指、无名指应分别轻放在 4、5、6 数字键上,即把这三个键作为三个手指的原位键。而小指负责加减号,击上下排键时,相应手指上伸或下缩。

Ⅴ Windows 常用的快捷键(键盘命令)

Windows 系统定义了许多快捷键,所谓快捷键就是在键盘上敲下某一个键或一组键,能快速地打开某一窗口或某一操作任务。快捷键中有很多组合键(即把两个或更多的键同时配合操作)。利用快捷键操作要比鼠标更快捷。表 1-3-4 中列出了一些通用的快捷键,Windows 提供的一切功能都可以用键盘来完成。

表 1-3-4　Windows 通用的快捷键

快捷键	操作	快捷键	操作
F1	显示所选项目的帮助	Alt＋菜单快捷键,如 Alt＋F	打开菜单栏"文件"下拉菜单
Ctrl＋X	剪切选定的内容	Ctrl＋F4	关闭多个文档界面程序中的当前程序
Ctrl＋C	复制选定的内容	Alt＋F4	关闭或退出当前程序窗口
Ctrl＋V	粘贴内容	Alt＋空格键	显示当前窗口的控制菜单
Ctrl＋Z	撤消上一次操作	Shift＋F10	显示所选项目的快捷菜单
Delete	删除选定内容	Ctrl＋Esc	显示"开始"菜单
PrintScreen	屏幕抓图	Alt＋Tab	切换到上次使用的窗口
Alt＋Print Screen	屏幕抓取活动窗口		

② 鼠标(Mouse)

鼠标是常用的输入设备,是计算机操作不可缺少的工具。常用的鼠标有:机械鼠标、光电鼠标二种,当今流行的是光电鼠标器,如图 1-3-7 所示。

图 1-3-7　常见的鼠标器

Ⅰ　鼠标滚轮的作用

在许多的编辑窗口（如 Word）中，按下鼠标滚轮键，会在编辑窗口出现一个黑色的上下双向箭头，把鼠标指针移动到该双向箭头的下面，则屏幕自动向上滚动，鼠标指针离开双向箭头越远，屏幕滚动越快。

要在按下【Ctrl】键时，滚动滚轮可以方便地对许多窗口的显示内容进行自由的缩放，从而得到最佳的视图。

Ⅱ　鼠标的形状及代表的意义

在计算机工作屏幕窗口经常看到的箭头，称为鼠标指针（mouse pointer）。在操作过程中，鼠标指针的形状会因操作对象的不同而变化，在通常情况下，鼠标指针的默认形状是一个箭头；在文档编辑状态下，鼠标指针的默认形状是 I（编辑光标）。表 1-3-5 列出了最常见的鼠标形状及默认状态下代表的含义。

表 1-3-5　鼠标的形状及其代表的含义

形状	代表的含义
⬦	鼠标指针的基本选择形状
⧗	系统正在执行操作，要求用户等待
⬦?	选择帮助的对象
I	编辑光标，此时单击鼠标，可以输入文本
✎	手写状态
⦸	禁用标志，表示当前操作不能执行
☝	链接选择，此时单击鼠标，将出现进一步的信息
↕	指向窗口上下行边框出现，拖曳鼠标可改变窗口高度
↔	指向窗口左右列边框出现，拖曳鼠标可改变窗口宽度
⤢	指向窗口右上角或左下角对角线出现，拖曳鼠标可同时改变窗口高度和宽度
⤡	指向窗口右下角或左上角对角线出现，拖曳鼠标可同时改变窗口高度和宽度
✥	单击系统控制菜单中的"移动"命令出现，指向标题栏移动对象（窗口）

Ⅲ　鼠标的基本操作

指向：移动鼠标，使鼠标指针指向目标位置。

移动：握住鼠标在鼠标垫板或桌面上移动时，屏幕上的鼠标指针就随之移动。

单击：即用鼠标指向某个对象，按一下鼠标左键、松开。用于选择某个对象或某个选项或按扭等。

双击：即用鼠标指向某个对象，连续按两次鼠标左键或者说单击二次。用于选择某个对象并执行。

右击：即用鼠标指向某个对象，按一下鼠标右键、松开。常用于完成一些快捷操作。一般情况下，右击任何位置都会弹出快捷菜单或帮助提示（只是右击的位置不同，打开的快捷菜单项不同）。选择其中的菜单命令项可以快速执行该菜单命令，因此称为快捷菜单。

三击：即连续单击鼠标左键三次。在 Word 文档中，鼠标指向文档中间任一位置三击，可以选择一个自然段；如果将鼠标指向文本行左侧，当鼠标指针变成指向右上角的箭头 时三击，可选择整篇文档（效果同【Ctrl＋A】组合键）。

拖曳：将鼠标指向一个对象，按住鼠标左键移动鼠标，在另一个地方释放。常用于窗口内滚动条和滚动滑块操作或对象的移动、复制操作。

③ 其他输入设备

有光学标记阅读机、图形（图像）扫描仪等。

知识链接

① 光学标记阅读机：是一种用光电原理读取纸上特定标记的输入设备，常用的有：条码读入器、计算机自动评卷记分的设备等。

② 图形（图像）扫描仪：是利用光电扫描将图形（图像）转换成像素数据输入到计算机中的输入设备。如指纹考勤机、人事档案中的照片输入等，新的研究方向包括模式识别、人工智能、信号与图像处理等，如语言识别、文字识别、自然语言理解与机器视觉等等。

（5）输出设备（Output Device）

输出设备也是人与计算机交互的部件，用于数据的输出。它把各种计算结果数据以用户能识别的数字、字符、图像、声音等形式表示出来。常见的输出设备有：显示器、打印机、绘图仪、投影仪、扬声器等。

① 显示器（Display）

显示器又称监视器（Monitor），是计算机基本的又是最重要的输出设备，常用的有阴极射线管显示器（CRT）和液晶显示器（LCD, LED）。如图 1-3-8 所示。

CRT　　　　　　　　　　　　　　　　LCD/LED

图 1-3-8　显示器

Ⅰ　分辨率

分辨率是用于量度位图图像内数据量多少的一个参数。通常用 ppi(每英寸像素)表示。是衡量显示器清晰度的一个重要指标是分辨率,一般用"横向点×纵向点"表示。

现在,主流的显示器多是高分辨率 LCD 或 LED 液晶显示器。显示器有单色和彩色之分,按分辨率分有:高分辨率、中分辨率、低分辨率三类:

知识链接

(1) 低分辨率:约为 300×200

(2) 中分辨率:约为 600×320

(3) 高分辨率:约为 640×480,800×600、1024×768、1080×960 或更高。

Ⅱ　显示适配卡

显示适配卡通常称显示卡,显示卡插在计算机的扩展槽中通过插座与显示器相连,显示器必须与显示卡相匹配才能正常工作,如彩色显示器配彩色显示卡、单色显示器配单色显卡。常用的显卡有二类,即集成显卡和独立显卡。集成显卡价格低廉,它集成在计算机主板上,独立显卡插入到计算机相应扩展槽中,两者相比较独立显卡显示效果好。表 1-3-6 给出了各种显示卡的类型、分辨率、显示方式、显示颜色数、字符点阵以及显示缓存大小之间的关系。

表 1-3-6　显示器的指标

显示卡类型	分辨率	显示方式	颜色数	字符点阵	显示缓存
MDA 单色显卡	720×350	字符	单色	9×14	5KB
CGA 彩色显卡	320×200	字符	16	8×8	16KB
	320×200	图形	4		
	640×200	图形	2		

续表

显示卡类型	分辨率	显示方式	颜色数	字符点阵	显示缓存
EGA 增强色显卡	640×350	字符	16	8×14	256KB
	640×200	图形	16	8×8	
	640×300	图形	2	8×14	
VGA 视频图形显卡	320×200	图形	256	8×8	256KB 或
	640×480	图形	16	8×16	512KB
TVGA 增强视频图形显卡	1188×480	字符	16	9×16	256KB 或
	640×400	图形	256	8×16	512KB 或
	1024×68	图形	16	8×16	1MB

② 打印机(Printer)

打印机是计算机最基本的输出设备之一。用于将需要的数据在打印纸上打印出来。打印机按行打印字方式可分为击打式和非击打式两类。如图 1-3-9 所示。

针式打印机　　　　　　　喷墨打印机　　　　　　　激光打印机

图 1-3-9　打印机

Ⅰ 击打式打印机

击打式打印机是利用机械动作,将字体通过色带打印在纸上,当前还在使用的是针式打印机,一般是 24 针打印机,只用于少量的打印业务,如纸张较厚的卡片、荣誉证书等等。

Ⅱ 非击打式打印机

非击打式打印机是用各种物理或化学的方法印刷字符的,如静电感应,电灼,热敏效应,激光扫描和喷墨等。目前最流行的是激光打印机(LaserPrinter)和喷墨式打印机(InkjetPrinter),它们都是以点阵的形式组成字符和各种图形。

3. 微型计算机的性能指标

衡量微型计算机档次高低通常用下列 5 个指标进行:

(1) 字长

字长是计算机 CPU 能够同时处理的二进制数的位数,即计算机在同一时间能同时并行处理二进制信息位数,是衡量计算机的一个很重要的性能指标。字长的大小决定了计算机的处理能力,字长越长,计算机的精度和速度越高。目前我们常用的微型计算机 16 位机、32 位机和 64 位机,是指该计算机中的 CPU 可以同时处理 16 位、32 位和 64 位的二进制数据。

（2）主频率

计算机的时钟频率称为主频率又称为主频，是指单位时间内 CPU 能够执行指令的次数，它是衡量计算机运行速度的主要指标。主频越高计算机的运行速度越快，主频单位是赫兹 H_z，通常用 CPU 型号和主频一起来标记微型计算机配置。例如"Pentium IV 2.0G"，其含义是 CPU 是 Pentium IV，主频是 2.0GHz。主频说明了 CPU 的工作速度，主频越高，CPU 的运算速度越快。常用的 CPU 主频有 1.5GHz、2.0GHz、2.4GHz 等。

（3）内存容量

计算机内存是指计算机内部存储器，内存的大小是衡量计算机的另一个重要的性能指标。计算机的内存容量越大，存储能力越强，计算机的处理能力也越强。通常计算机的内存单位用 KB（千字节）、MB（兆字节）或 GB（吉字节）来标记。现在微机常用的内存一般是 2GB、4GB、8GB 甚至更大。

（4）外部设备的配置

主机能够配置的外部设备的数量往往是衡量计算机性能能否充分发挥的重要因素。主机功能再强，如果外部设备配置不合适，计算机也不可能成为高档机。要配置成多媒体计算机，至少必须配置光驱、声卡、音箱。以实现读取光盘信息、播放声音文件、输入图片的需要，所以外部设备的配置从很大程度上决定或影响了计算机性能的发挥。

（5）软件的配置

计算机硬件是计算机工作的物质基础，软件是对计算机功能的完善和扩充，用户使用计算机实际上是使用的计算机软件。在硬件一定的情况下，软件功能强弱决定了计算机的性能，软件功能越强，计算机性能发挥越完善，计算机的功能也会随着增强。

计算机的性能是一个综合指标，需要软硬件综合协调，通常用字长、主频、主存容量三要素来进行评价。

4. 微型计算机操作系统

（1）操作系统

操作系统是计算机最重要的系统软件，统一管理计算机的软件和硬件资源，实现用户对计算机各种资源的共享。操作系统是对计算机硬件功能的第一次直接扩充和完善，是用户和计算机的接口。用户通过操作系统的支持轻松使用计算机学习工作。

① 根据操作系统的使用环境和作业处理方式，可分为批处理系统、分时系统、实时系统；

② 根据所支持的用户数目，可分为单用户操作系统、多用户操作系统；

③ 根据硬件结构，可分为网络操作系统、分布式系统、多媒体系统等。

④ 按服务功能通常分为五大类型：批处理操作系统、分时操作系统、实时操作系统、网络操作系统和分布式操作系统。

知识链接

操作系统的分类:

① 单用户操作系统:是系统中的所有硬件和软件资源只为一个用户服务,操作系统也只支持一个用户程序的执行,同时只能完成一个任务。典型产品 MS-DOS。

② 批处理操作系统:支持多个用户作业同时执行,用户可以把作业组织成作业队列一批批的输入到计算机中。批处理系统提高了资源的利用率和设备的共享程度。典型产品 MS-DOS。

③ 分时系统:是使一台计算机采用时间片段轮转的方式同时为多个用户同时使用计算机系统,每个用户通过自己的终端使用主机资源。主要特点是:同时性(多个用户作业同时执行)、及时性(每个用户作业都能及时得到执行)、交互性(用户和主机之间进行交互式会话)和多路性(主机同时处理多个不同的用户作业)。典型产品 UNIX 和 Linux。

④ 实时操作系统:是指能在确定的时间内执行其功能并对外部的异步事件做出响应的计算机系统。典型产品 VxWorks,VRTX/OS,pSOS+,RTMX,OS/9 和 Lynx OS 等。

⑤ 网络操作系统:是在网络环境下实现对网络资源的管理和控制的操作系统,是用户与网络资源之间的接口。典型产品 Netware、Windows NT 等。

⑥ 分布式操作系统:是用多台计算机协作来完成一个共同的任务。把一个复杂的问题分成若干个子问题,每一个子问题可以分布在网络中的多台计算机上执行,这种管理计算机资源的系统称为分布式操作系统。

(2) 操作系统的功能

包括处理器管理、存储器管理、设备管理、文件系统和作业管理五部分。

① 处理器管理

处理器管理又称进程管理,处理器管理是计算机操作系统的核心,由于任何程序的执行都要用到处理器,所以如何提高处理器的利用率是处理器管理要考虑的主要问题。处理器管理要考虑当多个进程都要抢占处理器时,进程如何调度? 让哪道程序先获得处理器运行? 它要用合理的进程调度算法让多个进程执行又不出现死锁问题。

② 存储器管理

当多道作业都要装入计算机存储器中执行时,如何给作业分配存储空间,以便提高存储器的利用率。当作业的大小超过主存容量时,如何让作业执行。存储器管理考虑利用虚拟存储器(外存+内存)的方法有效的扩充了主存空间。

③ 设备管理

设备管理是对除计算机中央处理器和存储器之外的其它硬件设备进行管理。设备管理的主要工作是对外部设备的启动、分配进行有效的管理,保证设备的安全性,对设备实现按名存取,将一台物理设备虚拟为多台逻辑设备,提高设备的利用率。

④ 文件系统

文件系统和作业管理是对计算机软件的管理。文件系统是对文件进行管理和控制的软件机构,其目标是实现文件的按名存取,保证文件和存取设备的无关性、移植性,对文件进行存取控制和口令、密码管理,以便保证文件的安全性,实现文件的按权限使用。

⑤ 作业管理

作业是用户交给计算机系统的一个独立的计算单位,用户作业通常包括程序、数据以及解决问题的控制步骤。作业管理的功能是提高作业吞吐量(单位时间内运行作业的道数),根据一定的作业调度方法,选择更多的作业装入计算机的存储器中执行。

(3) 几种常用的操作系统简介

① 磁盘操作系统 DOS

DOS(Disk Operating System,简称 DOS)是微软公司 1981 年研制的用于微型计算机上的单机操作系统,同年由 IBM 公司选中作为其新设计的 IBM PC 计算机的操作系统。DOS 系统对硬件要求很低,简单易学,占用存储空间小,受到广大计算机用户的欢迎,但由于 DOS 系统界面不直观、功能较弱,现已经被 Windows 系统取代。

② 视窗操作系统 Windows

Windows 是图形界面、多任务、多进程并支持网络应用程序的操作系统。Windows 操作系统发展较快、版本也多,是目前微型计算机上使用最多的操作系统,Windows 操作系统对计算机硬件要求较高。(将在项目二中详细介绍)

③ 分时操作系统 UNIX

UNIX 是分时操作系统,在操作系统的发展和应用中始终占据重要地位。UNIX 的优点是可移植性强、支持多用户、多处理、具有较高的可靠性和安全性;其最大缺点是系统标准不统一、应用软件较少、学习难度大。目前,由于 Windows NT 和 Windows XP 的应用,UNIX 系统市场份额渐渐降低。

④ Linux

Linux 操作系统是一种源代码开放的操作系统,是在 UNIX 的基础上发展起来的,是一个多用户、多任务、多进程,同时还是一个多 CPU 的操作系统。由于核心代码完全公开,用户可以通过 Internet 免费获得 Linux 的源代码,经过修改形成自己的 Linux 开发平台,能很好得防止病毒攻击和后门程序,通常在国家政府,或者银行等重要机构使用该系统。

⑤ OS/2

IBM 公司的 OS/2 操作系统是一个多任务、多道程序的操作系统,用户可以随意定制界面。OS/2 灵活性强,可以运行 DOS 和 Windows 应用程序,但 OS/2 的普及程度较低。

【答疑解惑】

什么是总线? 主要功能有哪些?

总线(Bus)是微型计算机中设备和设备之间传输信息的公共通道,总线是连接计算机硬件系统内多种设备的通信线路,它的一个重要特征是由总线上的所有设备共享,可以将计算机系统内的多种设备连接到总线上。按照计算机所传输的信息类型,总线分为:数据总线、地址总线和控制总线。

数据总线用来传输数据信息,地址总线用来传输数据地址信息,控制总线用来传输控制信号信息。总线是一种内部结构,它是 cpu、内存、输入、输出设备传递信息的公用通道,主机的各个部件通过总线相连接,外部设备通过相应的接口电路再与总线相连接,从而形成了计算机硬件系统。

【拓展任务】

启动计算机,利用键盘录入以下英文小诗。

The day is cold, and dark, and dreary;

It rains, and the wind is never weary;

The vine still clings to the moldering wall,

But at every gust the dead leaves fall,

And the day is dark and dreary.

My life is cold and dark and dreary;

It rains and the wind is never weary;

My thought still cling to the moldering past,

But the hopes of youth fall thick in the blast,

And the days are dark and dreary.

Be still, sad heart! And cease repining;

Behind the clouds is the sun still shining;

Thy fate is the common fate of all,

Into each life some rain must fall,

Some days must be dark and dreary.

操作要求:

(1) 熟悉键盘布局。

(2) 按照规范指法操作。

(3) 在记事本中,进行英打练习,输入上面的英文小诗内容,提高字符录入速度。

任务 1.4　认识多媒体计算机系统

【任务解析】

明明想把自己的计算机配置成多媒体计算机,目前已经安装的硬件除键盘、鼠标、显示器、存储器和 CPU 外,还安装了光驱、声卡,现在需要添加视频卡、音箱、麦克风和摄像头等多媒体硬件。

【知识要点】

☞ 多媒体的概念
☞ 多媒体的特征
☞ 多媒体计算机的组成
☞ 多媒体计算机技术的应用

【任务实施】

1. 媒体和多媒体

(1) 媒体

媒体是信息表示和传播的载体。媒体在计算机应用领域,主要包括两种含义:一是指存储信息的实体,如磁盘、光盘等存储器。二是指承载信息的载体,包括数字、文字、图形、图像、动画、音频、视频信号等。国际电话与电报咨询委员会(CCITT)将媒体分成感觉媒体、表示媒体、表现媒体、存储媒体和传输媒体五类。

知识链接

媒体的分类

① 感觉媒体(perception media)指能直接作用于人的感官,使人直接产生感觉的媒体。如人类的语言、音乐、图像,计算机系统中的文字、数据和文件等。

② 表示媒体(representation media)是为加工、处理和传输感觉媒体而人为研究,构造出来的一种媒体。其目的是更有效地加工、处理和传送感觉媒体。表示媒体主要指的是各种编码方式,如语言编码、文本编码、图像编码等。

③ 表现媒体(presentation media)是指感觉媒体和用于通信的电信号之间转换的一类媒体。它又分为两种:一种是输入表现媒体,如键盘、摄像机、光笔、话筒等;另一种是输出表现媒体,如显示器、音箱、打印机等。

④ 存储媒体(storage medium)是用来存放表现媒体,也就是存放感觉媒体数字化后的代码。主要是指与计算机相关的外部存储设备。

⑤ 传输媒体是用来将媒体从一处传送到另一处的物理载体,即是通信中的信息载体,如双绞线、同轴电缆、光纤等。

(2) 多媒体

多媒体(multimedia)是指信息表示媒体的多样化,它能够同时获取、处理、编辑、存储和展示两种以上不同类型信息媒体的技术。这些信息媒体包括文字、声音、图形、图像、动画与视频等。多媒体不仅是指多种媒体本身,而且包含处理和应用它的一整套技术。

多媒体技术是计算机交互式综合处理多种媒体信息——文本、图形、图像和声音,使多种信息建立逻辑连接,通过计算机集成、音频视频处理集成、图像压缩技术、文字处理、网络及通信等多种技术的完美结合的一个系统。

2. 多媒体的特征

多媒体的特征主要包括表现在数字化、交互性、集成性和实时性四个方面。

（1）数字化

多媒体数字化是指文字、数字、图形、图像、音频和视频等多种媒体都是以数字的形式进行存储和传播。它依赖于计算机进行存储和传播，便于修改和保存。

（2）交互性

交互性是指用户可以与计算机的多媒体信息进行交互操作，用户可以有效控制和使用信息。与传统信息处理手段相比，可以允许用户主动的获取和控制各种信息。

（3）集成性

集成性是指以计算机为中心综合处理多种信息媒体，包括信息媒体的集成和处理这些媒体的硬件、软件的集成。早期的信息只能以单一的形式进行存取和处理。多媒体信息强调存取、组织和表现等应成为一体，并且应该更加注重多种媒体之间的联系。多媒体硬件、软件的集成是在计算机系统中将能够处理各种媒体的设备及多媒体操作系统、多媒体应用软件等集成在一起，使其具有多媒体的处理和表现能力。

（4）实时性

实时性指在多媒体系统中声音及活动的视频图像是实时（hard realtime）的，多媒体系统需提供对这些与时间密切相关的媒体实时处理的能力。

3. 多媒体计算机系统组成

多媒体计算机是具有多媒体功能的计算机，能够对文字、数据、声音、图形和视频图像等多媒体进行逻辑获取、压缩、编码、加工处理、传输、存储和显示。因此，多媒体计算机必须具有高质量的视频、音频、图像等多媒体信息处理系统。从硬件设备来看，在传统意义的 PC 机上增加声卡和光盘驱动器，就构成 MPC。

多媒体计算机系统由多媒体硬件和多媒体软件组成。

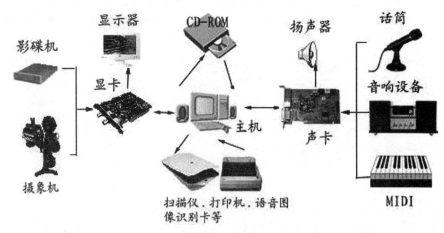

图 1-4-1　多媒体计算机的硬件系统

（1）多媒体计算机的硬件系统

构成多媒体计算机硬件系统除了配置较高的计算机主机硬件以外，通常还需要音频、视频、视频处理设备、光盘驱动器、各种媒体输入/输出设备（如扫描仪、数码相机、数码摄像机)等,如图 1-4-1 所示。

① 主机

多媒体计算机主机可以是中、大型机,也可以是工作站,目前普遍使用的多媒体个人计算机(Multimedia Personal Computer)。1996 年多媒体工作组公布的 MPC3 标准对主机的要求是:处理器 Pentium 75MBHz 以上,主存(RAM)8MB 以上,显示系统 VGA 或更好,(65K MPEG1)640×480,65536 色。由此可见,现在的微型计算机的硬件配置都能满足。

② 多媒体接口卡

多媒体接口卡是根据多媒体系统猎取、编辑音频或视频的需要连接到计算机上,用以解决各种媒体输入输出的问题。常用的接口卡有:声频卡、显示卡、视频压缩卡、视频捕捉卡、视频播放卡、光盘接口卡等。

③ 多媒体外部设备

多媒体外部设备的功能一般为输入和输出,通常分为四类:

Ⅰ 视频、音频输入设备:摄像机、录像机、扫描仪、传真机、话筒(或麦克风)。

Ⅱ 视频、音频播放设备:电视机、投影仪、音响等。

Ⅲ 人机交互设备:键盘、鼠标、触摸屏、绘图板、光笔及手写设备等。

Ⅳ 存储设备:磁盘、光盘等。

需要说明的是:开发多媒体应用程序比运行多媒体应用程序需要的硬件环境更高。基本原则是多媒体开发者使用的硬件要比用户的速度更快,功能更强,外部设备更多。

(2)多媒体计算机的软件系统

多媒体计算机的软件系统按功能划分为:多媒体系统软件和应用软件。其软件层次结构如图 1-4-2 所示:

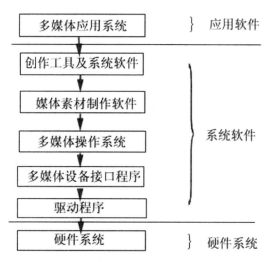

图 1-4-2　多媒体计算机的硬件系统

① 多媒体计算机系统软件

系统软件是多媒体软件核心系统,其主要任务是提供基本的多媒体软件开发的环境,一般是专门为多媒体系统而设计或是在已有的操作系统的基础上扩充和改造而成的。在个人计算机上运行的多媒体软件平台,应用最广泛的是 Microsoft 公司在 Windows NT/2000/2003/XP 操作系统。主要系统软件有多媒体驱动软件、驱动器接口程序、多媒体计算机操作系统、多媒体素材创作软件及多媒体库函数和多媒体创作工具、开发环境等。

 知识链接

① 多媒体驱动软件,是计算机最底层硬件的支撑环境,直接与硬件相关,完成设备的初始化、各种设备操作、设备的打开与关闭、硬件的压缩/解压缩及图像快速变换和功能调用等。

② 驱动器接口程序,是高层软件与驱动程序之间的接口软件。为高层软件建立虚拟设备。

③ 多媒体计算机操作系统,实现多任务调度,保证音频、视频同步控制及信息处理的实时性,提供多媒体信息的各种基本操作和管理。

④ 多媒体素材创作软件及多媒体库函数,主要为多媒体数据采集软件,作为环境开发的工具库,供设计者调用。

⑤ 多媒体创作工具、开发环境,主要用于编辑生成多媒体特定领域有应用软件,是在多媒体操作系统上进行开发的软件工具。

② 多媒体计算机系统的应用软件

多媒体计算机系统的应用软件是多媒体开发人员利用多媒体开发系统制作的多媒体产品,它面向多媒体的最终用户。

4. 多媒体计算机技术的应用

多媒体计算机技术是面向三维图形、环绕立体声和彩色全屏幕运动画面的处理技术。目前已经被广泛应用在教育、军事、医学、工程建筑、商业、艺术和娱乐等社会生活的各个领域,具有十分广阔的发展前景。

(1)办公自动化方面

利用多媒体技术进行声音邮件、视频会议效果会更好。多媒体视频会议系统是以会议的形式实现在不同地理位置上的人们的交流,包括语言、图像、视频等数据的传递和交流,大大提高了工作效率。

(2)远程医疗系统

多媒体远程医疗系统可以为偏远地区的人们提供医疗服务;如医学专家远程会诊、指导当地的医生进行复杂手术等。

(3)远程教育

多媒体远程教育可以让学员足不出户就可以进行学历研修,在家享受名师的指导,打破传统的教学模式,灵活调整学习的进度。

(4)电子出版物

电子出版物以其信息容量大、易于检索、成本低等优点得到了迅速的发展,不断取代一些传统的出版物。以光盘为介质的电子图书,不但检索方便,而且价格低,可以方便的配以生动的图像、美妙的声音和良好的光学效果。多媒体电子出版物包括各种百科全书、电子辞典、技术手册和电子书刊等。

(5) 数据库

多媒体数据库是数据库技术与多媒体技术相结合的产物。它可以将文字、数据、图形、图像、声音、视频等多种媒体的信息集成管理并综合表示。而且要建立对多媒体数据库信息的检索和查询。使之应用领域更为广泛。

(6) 家庭娱乐

由于多媒体技术的发展,我们可以享受在线游戏、聊天,在线电影等各种服务。

5. 流媒体技术

(1) 流媒体

流媒体(Streaming Media),又叫流式媒体,是指在 Internet/Intranet 中使用流式传输技术的连续时基媒体(如视频和音频数据)。

(2) 流媒体技术

流媒体是以流的方式在网络中传输音频、视频和多媒体文件,如:音频、视频或多媒体文件。流媒体实现的关键技术就是流式传输。流媒体文件格式是采用流式传输的方式在 Internet 播放的媒体格式。

流媒体技术的出现,主要归功于 1995 年 Progressive Network 公司(即后来的 RealNetwork 公司)推出的 RealPlayer 系列产品。

在网络上传输音频、视频等要求较高带宽的多媒体信息,目前主要传输方式有下载和流式传输两种。下载方式传输的弊端在于用户必须等待所有的文件都传送到位,才能够利用软件播放。随着互联网的普及和多媒体技术在互联网上的应用,迫切要求能解决实时传送视频、音频、计算机动画等媒体文件的技术。

流式传输就是在互联网上的音视频服务器将声音、图像或动画等媒体文件从服务器向客户端实时连续传输,用户不必等待全部媒体文件下载完毕,而只需延迟几秒或十几秒,就可以在用户的计算机上播放,而文件的其余部分则由用户计算机在后台继续接收,直至播放完毕或用户中止。用户在播放音视频或动画时等待时间减少,也不要太多的缓存空间。

流式传输有两种方式:顺序流式传输和实时流式传输。

(3) 流媒体播放

为了让多媒体数据在网络中更好的传播,并在客户端精确的回放,人们在传输线路、网络带宽、传输协议、服务器、客户端,甚至是节目本身等各个方面做出了不懈的努力,提出了很多新技术及其应用。多媒体播放方式主要有单播、点播、广播、多播、泛播和智能流技术。

(4) 流媒体的文件格式

目前,视频格式可以分为本地影像视频和网络流媒体影像视频两大类:

① 本地影像视频:适合在本地播放 AVI、nAVI 格式、DV-AVI、MPEG、MPEG－1、MPEG－2 和 MPEG－4 格式的视频。

② 网络流媒体影像视频：适合在网络中播放 ASF、WMV、RM、RMVB 和 3GP 电影。

【答疑解惑】

多媒体适配卡有哪些？

多媒体附属硬件基本都是以适配卡的形式添加到计算机上的。这些适配卡种类和型号很多，主要有：视频卡、声频卡、硬件压缩/解压缩卡、视频播放卡、电话语音卡、传真卡、图形图像加速卡、电视卡、CD-I 仿真卡、MODEM 卡等。

声卡无声，怎么办？

出现这种故障常见的原因有：

① 驱动程序默认输出为"静音"。单击屏幕右下角的声音小图标（小嗽叭），出现音量调节滑块，下方有"静音"选项，单击前边的复选框，清除框内的对号，即可正常发音。

② 声卡与其它插卡有冲突。解决办法是调整 PnP 卡所使用的系统资源，使各卡互不干扰。有时，打开"设备管理"，虽然未见黄色的惊叹号（冲突标志），但声卡就是不发声，其实也是存在冲突，只是系统没有检查出来。

③ 安装了 Direct X 后声卡不能发声了。说明此声卡与 Direct X 兼容性不好，需要更新驱动程序。

④ 一个声道无声。检查声卡到音箱的音频线是否有断线。

任务 1.5　常用汉字输入法使用

【任务解析】

为了提高使用计算机工作和学习的效率，李明决定快速掌握搜狗拼音输入法。

【知识要点】

☞ 搜狗拼音输入法简介
☞ 搜狗拼音输入法用法

【任务实施】

1. 搜狗拼音输入法简介

汉字输入法很多，如拼音输入法、五笔字型输入法等。本节以搜狗拼音输入法为例，讲解汉字输入法的操作方法。

搜狗拼音输入法是 2006 年 6 月由搜狐（SOHU）公司推出的一款 Windows 平台下的汉字拼音输入法，由于应用了多项先进的搜索引擎技术，用户可通过互联网备份自己的个性化词库和配置信息，是现今主流汉字拼音输入法之一。推出有纯拼音、纯五笔、五笔＋拼音等多种可选模式，奉行永久免费的原则，适合更多人群。

知识链接

（1）下载搜狗拼音输入法：双击桌面图标 Internet explorer（简称 IE）→在 IE 窗口地址栏中输入 http://pinyin.sogou.com/→单击下载按钮 **↓立即下载** →单击"保存"。

（2）搜狗输入法的安装步骤：双击搜狗输入法安装文件→单击"运行"按钮→如果安装在 C 盘可以单击选择"直接安装"（如果安装在其它磁盘如，选择"自定义安装"→选择安装的磁盘如 D:\\→单击"下一步"→仔细查看捆绑安装项如"安装搜狗高速浏览器"，不想安装把√去掉，单击"下一步"→上面有一些选项，不需要可以把√去掉，单击"完成"。

2. 搜狗拼音输入法的使用方法

（1）切换出搜狗拼音输入法

在编辑状态下，将鼠标移到要输入汉字的位置，按【Ctrl＋Shift】组合键切换输入法。如果安装了多种输入法，你需要多按几次【Ctrl＋Shift】组合键，直到切换出你需要的输入法为止。如果系统仅有一个输入法如搜狗输入法，且为默认的输入法时，按下【Ctrl ＋空格】组合键，即可切换出搜狗输入法。

知识链接

编辑状态（Edit state）

一些应用软件如 Word、记事本、写字板、WPS 等，根据用户的需要，提供了一个文字操作的工作界面，你可以在这里进行文本的输入、修改、删除等编辑操作。计算机的此种状态称为编辑状态。

（2）切换中/英文输入法

切换中/英文输入法有四种方法：

① 输入法默认切换方法：在中文输入状态下，按一下【Ctrl＋空格】组合键就切换到英文输入状态，再按一下【Ctrl＋空格】组合键就会返回中文状态。

② 在中文输入状态下，单击状态栏 ⑤中 ♪ °,▦ ⁚ 💼 🔧 上面的"中"字图标切换到英文输入状态；再单击状态栏 ⑤英 ♪ ·,▦ ⁚ 💼 🔧 上面的"英"字图标切换到中文状态。

知识链接

（1）回车输入英文：输入英文，直接敲回车即可完成英文输入。

（2）V模式输入英文：在中文输入状态下，先输入字母V，然后再输入你要输入的英文，可以包含@＋＊/-等符号，然后敲空格即可。如果不输入字母V，则可以继续输入中文。

（3）删除输入法

由于大多数人只用一个输入法，为了方便、高效，可以把自己不用的输入法删除掉，只保留自己最常用的一、二个输入法即可。删除输入法的操作步骤如图1-5-1所示：

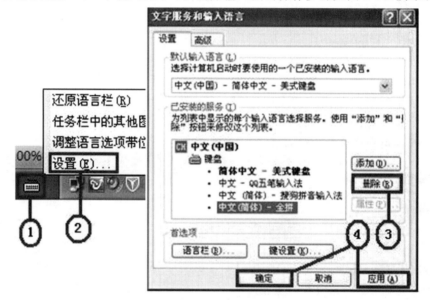

图1-5-1 删除输入法的操作图示

① 鼠标右击任务栏上的"输入法"按钮，弹出右键快捷菜单。

② 单击快捷菜单中的"设置…"命令，弹出"语言服务和输入设置"对话框。

③ 在"语言服务和输入设置"对话框中单击选择一种输入法，如"中文（简体）—全拼"，单击右侧"删除"按钮.

④ 删除完毕，单击"应用"→"确定"按钮，或者直接单击"确定"按钮，完成设置。

知识链接

添加输入法操作方法：

（1）右击任务栏输入法按钮→打开"语言服务和输入设置"对话框；

（2）单击"添加"按钮→弹出"添加输入语言"对话框，如图 1-5-2 所示；

（3）单击"键盘布局/输入法"右侧下拉按钮→弹出系统安装的输入法列表→选择要添加的输入法→单击"确定"按钮。

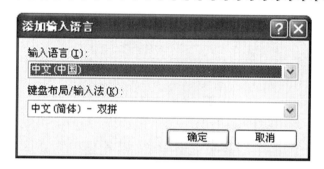

图 1-5-2　"添加输入语言"对话框

（4）使用简拼输入汉字

目前，搜狗输入法支持的是声母简拼和声母的首字母简拼，非常好用。

例如：你想输入"张靓颖"，全拼你输入的是"zhangliangying"，简拼只输入"zhly"或者"zly"都可以输入"张靓颖"。同时，搜狗输入法支持简拼全拼的混合输入，例如：输入"srf"、"sruf"、"shrfa"和"shurf"都能得到"输入法"。

（5）翻页选字

在编辑状态下，搜狗拼音输入法默认的翻页键是：逗号（,）和句号（。），即输入拼音后，按句号（。）向下翻页进行选字，按逗号（,）则向上翻页选字，若所选的字出现，按汉字前的序号键完成该字的输入。由于操作时手指不用移开主键盘操作区，输入效率最高，不容易出错。

知识链接

搜狗输入法的默认的翻页键还有：减号"—"与等号"＝"、左右方括号"[]"，其设置方法：启动"搜狗汉字输入法"→右键单击输入法状态栏任一位置→单击"设置属性"→选择"按键"→"候选字词"→"翻页按键"来进行设定，如果几种方法全部选择，输入时用哪种设置的键都可以用来翻页查找汉字。

（6）修改候选词的个数

修改候选词个数的操作方法：启动"搜狗汉字输入法"→右键单击输入法状态栏→单击"设置属性"→"外观"→选择"候选词个数"（选择范围是 3～9 个，系统默认是 5 个候选词,推荐选用默认的 5 个候选词)→单击"确定"按钮。

如果候选词太多会造成查找困难,输入效率下降。5 个候选词的状态栏如图 1-5-3 所示。

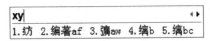

图 1-5-3　5 个候选词

(7) 状态栏外观

输入法在输入汉字时出现的窗口界面,就是状态栏。状态栏根据其窗口大小,外观表现有下面二种:

① 普通窗口:如图 1-5-4 所示。

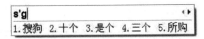

图 1-5-4　普通窗口

② 标准状态条:如图 1-5-5 所示。

图 1-5-5　标准状态条

📖 **知识链接**

搜狗输入法支持的外观修改包括显示形式、设置候选词、使用皮肤、更换颜色、更换字体和大小等。用户可以通过在状态栏右键菜单里的"设置属性"→"外观"修改。

(8) 使用自定义短语

自定义设置自己常用的短语可以提高输入效率,可以通过设置特定字符串来输入自定义的文本。如:设置用字符串"china"输入自定义文本"中华人民共和国",在状态栏中候选词位置为 1。其操作方法如下:

① 右击输入法状态栏,打开右键快捷菜单;

② 单击"设置属性",打开"搜狗拼音输入法设置"对话框(如图 1-5-6 所示);

 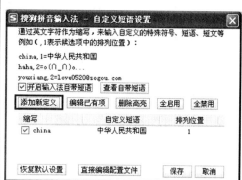

图 1-5-6 "搜狗拼音输入法设置"对话框　　**图 1-5-7 "自定义短语设置"对话框**

③ 选择"高级"选项,点击"自定义短语设置"按钮,打开"搜狗拼音输入法—自定义短语设置"对话框,如图 1-5-7 所示。

④ 单击"添加新定义"按钮→打开"搜狗拼音输入法－添加自定义短语"对话框,如图 1-5-8 所示。

图 1-5-8 "添加自定义短语"对话框　　**图 1-5-9 "自定义设置短语"效果**

⑤ 编辑自定义短语方法:在"缩写"文本框中输入字符串"china",然后选择"该条短语在候选项中的位置"为 1,在下面的文本框中输入自定义短语"中华人民共和国",单击"确定添加"按钮。如果需要继续添加自定义短语,例如:yx,1＝wangshi@sogou.com,添加自定义短语后,效果如图 1-5-9 所示。

⑥ 单击"保存"按钮,关闭"自定义短语设置"对话框,返回到"搜狗拼音输入法设置"对话框,单击"确定"按钮,设置完成。

(9) 固定首字

搜狗可以把某一拼音下的某一候选项固定在第一位,即固定首字功能。操作方法:

步骤 1 输入拼音"changxiang";

步骤 2 找到要固定在首位的候选项"2.畅想"时,鼠标悬浮在候选字词上,弹出菜单,如图 1-5-10(左)所示,选择"固定首位",那第二候选项"2.畅想"立即变为"1.畅想",如图 1-5-10(右)所示。

图 1-5-10　设置【固定首字】

目前,搜狗汉字输入法有 22 个固定首字母的高频字:

A=啊	B=吧	C=才	D=的	F=飞	G=个
H=好	J=就	K=看	L=了	M=吗	N=你
O=哦	P=平	Q=去	R=人	S=是	T=他
W=我	X=想	Y=一	Z=在		

（10）模糊音

模糊音是专为对某些音节容易混淆的人所设计的。当启用了模糊音后,例如 sh<-->s,输入 si 也可以出来"十",输入 shi 也可以出来"四"。

搜狗支持的模糊音有:

声母模糊音:s<--> sh,c<-->ch,z<-->zh,l<-->n,f<-->h,r<-->l;

韵母模糊音:an<-->ang,en<-->eng,in<-->ing,ian<-->iang,uan<-->uang。

（11）繁体

在简体中文状态下,单击状态栏右键菜单中的"简繁切换"命令可切换到繁体中文状态;再单击一下即可切换到简体中文状态。

（12）输入网址模式

输入法特别为网络设计了多种方便网址输入的模式,在中文输入状态下,让用户能够输入几乎所有的网址。目前的规则有:

① 输入以"www."、"http:"、"ftp:"、"telnet:"、"mailto:"等开头时,输入法自动识别将中文输入状态切换到英文输入状态,此时可以直接输入:www.sogou.com,ftp://sogou.com 等类型的网址。如图 1-5-11 所示。

图 1-5-11　自动识别模式输入网址

② 输入非"www:"开头的网址时,可以直接输入。图 1-5-12 所示。

图 1-5-12　直接输入法输入非 WWW 开头的网址

③ 输入邮箱时,可以输入前缀不含数字的邮箱,例图 1-5-13 所示,如输入 leilei@sogou.com 或者 leilei@163.com。

图 1-5-13　输入前缀不含数字的邮箱地址

（13）U 模式笔画输入

U 模式是专门为输入不会读的字所设计的,例如"札",其输入方法如下:

先输入字母【u】➡依次输入"札"字的笔顺全拼的首字母 h 横、s 竖、p 撇、n 捺、z 折,就可以得到该字。

知识链接

汉字笔顺有:h 横、s 竖、p 撇、n 捺、z 折和数字 1、2、3、4、5 代表 h、s、p、n、z。搜狗输入法有四种输入风格:搜狗风格、简拼、全拼和双拼。由于双拼占用了 u 键,智能 ABC 的笔画规则不是五笔画,所以双拼和智能 ABC 模式下都没有 u 键模式。"点"的笔顺可以用 d,也可以用 n;树心的笔顺是点点竖(nns),而不是竖点点。例如输入"你"字:依次输入 u➡p➡s➡p➡z➡s➡p➡n,"你"出现,按空格键完成输入。

(14) 笔画筛选

笔画筛选用于输入单字时,用笔顺来快速定位该字。操作方法是:

输入一个字或多个字后,按下【tab】键(【tab】键如果是翻页的话也不受影响),然后用 h 横、s 竖、p 撇、n 捺、z 折依次输入第一个字的笔顺,一直找到该字为止。例如,快速定位"珍"字,输入 zhen➡按下【tab】➡输入"珍"的前两笔画"hh",即可定位该字。

要退出笔画筛选模式,只需删掉已经输入的笔画辅助码即可。

(15) V 模式中文数字(包括金额大写)

V 模式中文数字是一个功能组合,包括多种中文数字的功能。只能在全拼状态下使用:

① 中文数字金额大小写:输入"v424.52"➡选择序号 B➡输出"肆佰贰拾肆元伍角贰分";

② 罗马数字:输入 99 以内的数字,例如输入 v12➡选择序号 C➡输出"XII";

③ 年份自动转换:输入"v2008.8.8"或"v2008-8-8"或"v2008/8/8"➡按空格键➡输出"2008 年 8 月 8 日";

④ 年份快捷输入:输入"v2006n12y25r"➡按空格键➡输出"2006 年 12 月 25 日"。

(16) 插入当前日期时间

"插入当前日期时间"的功能可以方便的输入当前的系统日期、时间、星期。并且你还可以用插入函数自己构造动态的时间。例如在回信的模版中使用。此功能是用输入法内置的时间函数通过"自定义短语"功能来实现的。由于输入法的自定义短语默认不会覆盖用户已有的配置文件,如果用户输入了"rq"而没有输出当前系统日期,需要恢复"自定义短语"的默认配置,操作方法如下:

打开"搜狗拼音输入法设置"对话框➡选择"高级"选项卡➡自定义短语设置➡点击"恢复默认配置"即可。注意:恢复默认配置将丢失自己已有的配置,请自行保存手动编辑。

输入法内置的插入项有:

① 输入 rq(日期的首字母),输出当前系统日期"2013 年 8 月 16 日";

② 输入 sj(时间的首字母),输出当前系统时间"2013 年 8 月 16 日 19:19:04";

③ 输入 xq(星期的首字母),输出系统星期"2006 年 12 月 28 日星期四";

自定义短语中的内置时间函数的格式请见自定义短语默认配置中的说明。

(17) 拆字辅助码

① 拆字辅助码让你快速的定位到一个单字,如输入"娴"字,全拼输入"娴"字,非常靠后,找不到。操作方法如下:

输入 xian→按下【tab】键→再输入"娴"组成元素"女""闲"的首字母 nx,就只剩下"娴"字。即输入的顺序为:xian+tab+nx。

② 独体字由于不能被拆成两部分,所以独体字是没有拆字辅助码的。

(18) 快速输入人名——人名智能组词模式

用户要输入人名"陈雪梅",操作方法如下:

输入人名"陈雪梅"的拼音 chenxuemei,如果搜狗输入法识别人名可能性很大,会在候选中有带"n"标记的候选出现,这是人名智能组词给出其中的一个人名,并且输入框提示"工具箱(分好)",如图 1-5-14 所示。

图 1-5-14　人名输入"陈雪梅"

 知识链接

例如输入人名"欧阳楷迪",那么输入拼音 ouyangkaidi,提供的人名没有你想要的,操作方法:可以按【分号+R】进入人名组词模式→输入"欧阳楷迪"拼音 ouyangkaidi→人名没有整体显示出来(如图 1-5-15①所示)→可以按词或者单字顺序一个一个选择输入→按 3 输入"欧阳",没有出现"楷"字→按【＝】键翻页查找→"楷"字出现(如图 1-5-15②所示)→按数字 3 输入"楷"字→"迪"字出现(如图 1-5-15③所示)→按数字 4 完成"欧阳楷迪"的输入。

图 1-5-15　人名输入

搜狗拼音输入法的人名智能组词模式,并非搜集整个中国的人名库,而是用过智能分析,计算出合适的人名得出结果,可组出的人名逾十亿,正可谓"十亿中国人名,一次拼写成功"!

(19) 生僻字的输入

输入"犇","嫑","犇"这样一些字,如果知道笔划只会写,不会读,只能通过笔画输入,笔画较为繁琐。搜狗输入法提供了便捷的拆分输入方法,可化繁为简,生僻的汉字让你能轻易输出:直接输入生僻字的组成部分的拼音即可,如图 1-5-16 所示。

图 1-5-16 生僻字的拆分输入方法

(20) 表情 & 符号的输入

搜狗输入法为你提供丰富的表情、特殊符号库以及字符画,如图 1-5-17 所示的"哈哈表情","积分符号","玫瑰字符画"的输入,不仅在候选上可以有选择,还可以点击上方提示,进入表情 & 符号输入专用面板,随意选择自己喜欢表情、符号、字符画。

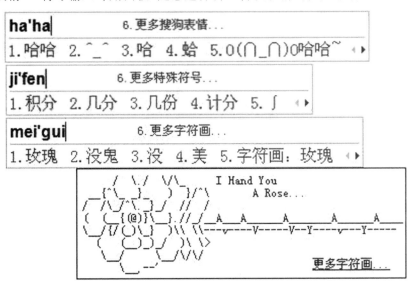

图 1-5-17 表情 & 符号的输入

知识链接

① 使用"英文＋回车"的方式，可以快速输入英文，而无需切换到英文输入状态。

② 经常使用"首字母简拼＋全拼"的混合输入能够大大减少击键次数，提高打字效率。

【答疑解惑】

☞ windows XP 系统任务栏上输入法按钮不见了，怎么办？

☑点击开始按钮 开始 ，打开开始菜单，如图 1-5-18 所示。

图 1-5-18　开始菜单

☑单击"控制面板"，打开"控制面板"窗口，如图 1-5-19 所示。

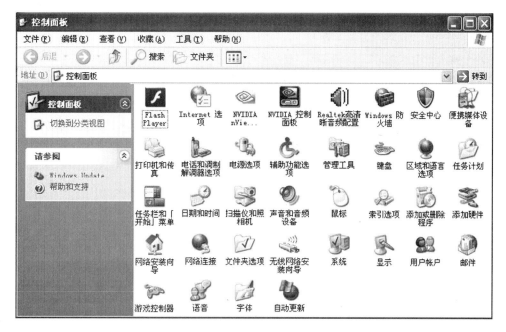

图 1-5-19 "控制面板"窗口

☑在"控制面板"窗口中,双击"区域和语言"图标,打开"区域和语言"对话框,如图 1-5-20所示。

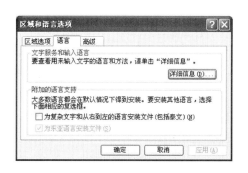

图 1-5-20 "区域和语言选项"对话框

图 1-5-21 "控制面板"对话框

☑选择"语言"选项卡,点击"详细信息"按钮,打开"文本服务和输入语言"对话框,如图 1-5-21 所示。

☑单击"语言栏"按钮→弹出"语言栏设置"对话框→勾选单选框"在桌面上显示语言栏图标"→单击"确定"按钮→返回"文本服务和输入语言"对话框→单击"确定"按钮→返回"键盘和语言"对话框→单击"确定"按钮即可。

【拓展任务】

利用搜狗输入法输入汉字。

① 输入以下 22 个固定首字母高频字

A＝啊　　B＝吧　　C＝才　　D＝的　　F＝飞　　G＝个

H＝好　　J＝就　　K＝看　　L＝了　　M＝吗　　N＝你

O＝哦　　P＝平　　Q＝去　　R＝人　　S＝是　　T＝他

W＝我　　X＝想　　Y＝一　　Z＝在

② 输入以下词组（包括人名、地名及成语）

人名:李嘉诚　鲁迅　梁实秋　李鸿章

地名:北京　伦敦　埃尔法尼亚大学　新加坡美利坚合众国　中华人民共和国

成语:崇山峻岭　含辛茹苦　引经据典　龙腾虎跃　有志者事竟成　桃李不言

③ 输入以下文章

中国梦让人民共享人生出彩的机会

实现中国梦必须走中国道路,这条道路就是中国特色社会主义道路。这条道路来之不易。它是在改革开放30多年的伟大实践中走出来的,是在中华人民共和国成立60多年的持续探索中走出来的,是在对近代以来170多年中华民族发展历程的深刻总结中走出来的,是在对中华民族5000多年悠久文明的传承中走出来的,具有深厚的历史渊源和广泛的现实基础。中华民族是具有非凡创造力的民族,我们创造了伟大的中华文明,我们也能够继续拓展和走好适合中国国情的发展道路。全国各族人民一定要增强对中国特色社会主义的理论自信、道路自信、制度自信,坚定不移沿着正确的中国道路奋勇前进。

实现中国梦必须弘扬中国精神。这就是以爱国主义为核心的民族精神,以改革创新为核心的时代精神。这种精神是凝心聚力的兴国之魂、强国之魂。爱国主义始终是把中华民族坚强团结在一起的精神力量,改革创新始终是鞭策我们在改革开放中与时俱进的精神力量。全国各族人民一定要弘扬伟大的民族精神和时代精神,不断增强团结一心的精神纽带、自强不息的精神动力,永远朝气蓬勃迈向未来。

实现中国梦必须凝聚中国力量,这就是中国各族人民大团结的力量。中国梦是民族的梦。也是每个中国人的梦。只要我们紧密团结,万众一心,为实现共同梦想而奋斗,实现梦想的力量就无比强大,我们每个人为实现自己梦想的努力就拥有广阔的空间。生活在我们伟大祖国和伟大时代的中国人民,共同享有人生出彩的机会,共同享有梦想成真的机会,共同享有同祖国和时代一起成长与进步的机会。有梦想,有机会,有奋斗,一切美好的东西都能够创造出来。全国各族人民一定要牢记使命,心往一处想,劲往一处使,用14亿人的智慧和力量汇集起不可战胜的磅礴力量。

操作要求:

① 在记事本中反复练习高频字、词组、生僻字和文章的输入;

② 在写字板中反复练习文章的录入,掌握文章录入技巧;

③ 经过一个月的集中实训,快速提高文字录入速度。字词的录入速度达到30～50字/分钟,正确率达到95%以上;文章的录入速度达到50～70字/分钟,正确率达到98%以上。

任务 1.6　计算机病毒和防治措施

【任务解析】

计算机病毒经常在不经意间侵入计算机系统,明明担心自己的计算机安全问题,所以想了解有关计算机病毒的特征、分类和日常防治措施,以便放心工作和学习。

【知识要点】

☞ 病毒的定义
☞ 病毒的特征
☞ 病毒的分类
☞ 病毒防治措施

【任务实施】

1. 计算机病毒(Computer Virus)

计算机病毒在《中华人民共和国计算机信息系统安全保护条例》中被明确定义,病毒指"编制者在计算机程序中插入的破坏计算机功能或者破坏数据,影响计算机使用并且能够自我复制的一组计算机指令或者程序代码"。计算机病毒可能在计算机上产生许多症状,有些病毒复制时不产生明显的变化。较恶意的病毒可能发出随机的声音或者在屏幕上显示一条信息同你打招呼。在严重的情况下,病毒可能破坏文件和计算机硬件。常见的有:蠕虫病毒、特洛伊木马和黑客程序等。

2. 计算机病毒的分类

(1) 根据计算机病毒的危害程度分类

① 良性病毒。这一类病毒属于恶作剧性质,一般不会破坏计算机系统。例如,屏幕上有时出现莫名其妙的消息、画面等,有时计算机会突然发出奇怪的声音等。这种病毒一般只会降低计算机系统的工作效率,出现短暂性的故障干扰用户的工作,而不会破坏系统和更改磁盘上的文件,例如小球病毒。

② 恶性病毒。这一类病毒是为了破坏计算机系统而被设计的。这种病毒的危害很大,其破坏性无法估量,可能造成一部分文件更改或丢失,可能损坏计算机中存储的所用信息,甚至可能破坏计算机系统的操作系统或硬件系统,造成整个系统的瘫痪,后果不堪设想,例如 CIH 病毒。

(2) 根据计算机病毒感染系统的原理分类

① 引导扇区病毒。引导扇区(boot sector)是硬盘的一部分,当开机时,它控制系统如何启动。引导扇区病毒用它自己的数据代替硬盘的原始数据,一旦开机,就将病毒装入内存。病毒进入内存后,它就可以传播给其他磁盘以进行破坏。

② 文件感染病毒。文件感染病毒将病毒代码加到可运行程序的文件中,因此这种病

毒在运行程序时被激活,传染扩散。被这类病毒感染的可执行文件的扩展名一般为 COM、EXE 和 OVL。一般文件感染病毒会修改它所寄生的程序的第一条执行指令,使得病毒程序先于该程序运行,进行传染扩散。

③ 复合型病毒。这类病毒兼有以上两类病毒的特点,既可以感染磁盘的引导区,又可以感染文件。

(3)按照传播媒介分类

按照计算机病毒的传播媒介来分类,可分为单机病毒和网络病毒。

① 单机病毒。单机病毒的载体是磁盘,常见的是病毒从软盘传入硬盘,感染系统,然后再传染其他软盘,软盘又传染其他系统。

② 网络病毒。网络病毒的传播媒介不再是移动式载体,而是网络通道,这种病毒的传染能力更强,破坏力更大。

3. 计算机病毒的特征

与生物病毒相比,计算机病毒特征具有以下五点:

(1)寄生性

计算机病毒寄生在其他程序之中,不运行程序,病毒则安静地待着,不易被人发觉;一旦程序运行,病毒就开始破坏活动。

(2)破坏性

计算机感染病毒后,可能会导致:正常的程序无法运行,计算机内的文件被删除或受到不同程度的损坏。通常表现为:增、删、改、移。

(3)传染性

计算机病毒不但本身具有破坏性,更有害的是具有传染性,一旦病毒被复制或产生变种,其速度之快令人难以预防。传染性是病毒的基本特征。计算机病毒是一段人为编制的程序代码,这段程序代码一旦进入计算机并得以执行,它就会搜寻符合其传染条件的介质和硬件,确定目标后再将自身代码嵌入其中,达到自我繁殖的目的。只要一台计算机染毒,如不及时处理,病毒就会通过各种可能的渠道,如移动磁盘、计算机网络、邮件等传染给其他计算机。

(4)潜伏性

有些病毒像定时炸弹一样,让它什么时间发作是预先设计好的。比如黑色星期五病毒,不到预定时间表现不出来,一旦条件具备就开始爆炸,对系统进行破坏。计算机病毒,进入系统会在磁盘里隐蔽几天,甚至几年,一旦时机成熟,就又开始四处繁殖、扩散,继续危害。此外,计算机病毒内部有一种触发机制,触发条件不满足,计算机病毒只传染不破坏,触发条件一旦得到满足,有的在屏幕上显示信息、图形或特殊标识,有的则执行破坏系统的操作,如格式化磁盘、删除磁盘文件、对数据文件做加密、封锁键盘以及使系统死锁等。

(5)隐蔽性

计算机病毒具有很强的隐蔽性,有的可以通过病毒软件检查出来,有的根本就查不出来,有的时隐时现、变化无常,这类病毒处理起来通常很困难。

4. 计算机病毒破坏的能力

无害型:除了传染时减少磁盘的可用空间外,对系统没有其它影响。

无危险型:这类病毒仅仅是减少内存、显示图像、发出声音及同类音响。

危险型:这类病毒在计算机系统操作中造成严重的错误。

非常危险型:这类病毒删除程序、破坏数据、清除系统内存区和操作系统中重要的信息。这些病毒对系统造成的危害,并不是本身的算法中存在危险的调用,而是当它们传染时会引起无法预料的和灾难性的破坏。由病毒引起其它的程序产生的错误也会破坏文件和扇区,这些病毒也按照他们引起的破坏能力划分。一些现在的无害型病毒也可能会对新版的 DOS、Windows 和其它操作系统造成破坏。例如:在早期的病毒中,有一个"Denzuk"病毒在 360K 磁盘上很好的工作,不会造成任何破坏,但是在后来的高密度软盘上却能引起大量的数据丢失。

5. 计算机病毒的防治措施

计算机传染病毒的防治措施,一般包括以下五个方面:

(1) 隔离来源

① 不明磁盘不用,避免交错使用移动磁盘;

② 尽量不用 U 盘启动系统;

③ 对于外来磁盘,一定要经过杀毒软件检测无毒或杀毒后再使用;

④ 上网时,如果发现某台连网计算机有病毒,应立刻切断网络,防止病毒蔓延;

⑤ 不查看来历不明的光盘、邮件、网页、游戏和 QQ 留言。

(2) 静态检查

定期用 1~2 种不同的杀毒软件对磁盘进行检测,以便发现病毒并能及时清除。

(3) 动态检查

在操作过程中,要注意种种异常现象,如常见的异常有:异常启动或经常死机、运行速度减慢、内存空间减少、屏幕出现紊乱、文件或数据丢失、驱动器的读盘操作无法进行等。一旦发现异常情况要立即更新病毒库以检查系统是否染毒。及时对系统进行病毒查杀。

(4) 安装杀毒软件和防火墙

为了及时查杀病毒,保证计算机系统的安全,要做到以下四点:

① 安装正版杀毒软件并定期更新病毒库,如 360 杀毒。

② 安装防火墙 。

③ 安装防范间谍软件。最近公布的一份家用电脑调查结果显示,大约 80% 的用户对间谍软件入侵他们的电脑毫无知晓。要避免间谍软件的侵入,可以从下面两个途径入手:

Ⅰ 把浏览器 Internet Explorer 调到较高的安全等级。将 Internet Explorer 的安全等级调到"高"或"中"可有助于防止下载。在计算机上安装防止间谍软件的应用程序,时常检察及清除电脑的间谍软件,以阻止软件对外进行未经许可的通讯。

Ⅱ 对将要在计算机上安装的共享软件进行甄别选择,尤其是你不熟悉的软件,可以登录其官方网站了解详情;在安装共享软件时,不要总是心不在焉地一路单击 OK 按钮,而应仔细阅读各个步骤出现的协议条款,特别留意那些有关间谍软件行为的语句。

知识链接

美国"棱镜门"计划

美国国家安全局和联邦调查局代号为"棱镜"的秘密项目,始于 2007 年的小布什时期,美国情报机构一直在直接接入的九家美国互联网公司微软、谷歌、雅虎、谷歌、Facebook、PalTalk、YouTube、Skype、AOL、苹果等的中心服务器中进行数据挖掘工作,从音频、视频、图片、邮件、文档以及连接信息中分析个人的联系方式与行动。监控的类型有 10 类:信息电邮,即时消息,视频,照片,存储数据,语音聊天,文件传输,视频会议,登录时间,社交网络资料的细节,其中包括两个秘密监视项目,一是监视、监听美民众电话的通话记录;二是监视民众的网络活动。

美国"棱镜门"事件泄密者爱德华·斯诺登说(Edward Snowden):美国国家安全局已搭建了一套基础系统,美国国家安全局长期以来在全球进行超过 61000 个入侵电脑行动,有关监控活动也是"棱镜"计划的一部分。斯诺登早前公开了"棱镜"计划,美国情报机构通过该计划可以对目标实施大范围监控。美国情报机构入侵网络系统的主干部分,可以进入上千台电脑内部系统,可以在机器中植入漏洞,一旦你连上网络,我就能验证你的机器,却不需要采取像黑客一样的方法。能截获几乎任何通信数据,凭借这样的能力,大部分通信数据都被无目标地自动保存。如果我希望查看你的电子邮件或你妻子的手机信息,所要做的就是使用截获的数据。我可以获得你的电子邮件、密码、通话记录和信用卡信息。

2013 年 7 月 1 日晚,斯诺登在向厄瓜多尔和冰岛申请庇护后,又向 19 个国家寻求政治庇护。8 月 1 日,北京时间 7:30 斯诺登离开俄罗斯谢列梅捷沃机场前往莫斯科境内,并获得俄罗斯为期 1 年的临时避难申请。

《华盛顿邮报》报道,参议员范士丹证实,国安局的电话记录数据库至少已有 7 年。项目年度成本 2000 万美元,自奥巴马上任后日益受重视。"隐私国际"认为:"由于世界主要技术公司的总部都在美国,那些参与我们互联世界、使用谷歌或者 SKYPE 的人士的隐私都可能被"棱镜"项目所侵犯。美国政府可能接触到世界的大部分数据。"

美国情报部门早在 2009 年就开始监控中国内地和香港的电脑系统。

——本文经过整理源自搜狐新闻

④ 定期更新病毒软件系统、修补系统漏洞。

(5) 常用杀毒软件及其下载网址

① 瑞星(免费)http://www.rising.com.cn

② 金山毒霸 http://www.ijinshan.com

③ 360 杀毒 http://www.360.cn

④ 卡巴斯基 http://www.kaspersky.com.cn

更多杀毒软件:中国计算机安全网 http://www.infosec.org.cn/vir/index.php

软件安装请参考【项目七常用工具软件】。

（6）不要随意浏览黑客网站、色情网站

（7）及时备份磁盘数据

项目 2　Windows 7 操作系统

【项目综述】

Windows 7 是微软公司在 2009 年 10 月 22 日正式发布的新一代视窗操作系统,同时也是 Windows 操作系统继 Vista 之后的新版本。发布的版本主要有 Windows 7 简易版、Windows 7 家庭普通版、Windows 7 家庭高级版、Windows 7 专业版、Windows 7 企业版、Windows 7 旗舰版。该系统可以为笔记本电脑、平板电脑、商业运作、多媒体中心及家庭娱乐等提供更加简单、快捷和高效易行的工作环境。

Windows 7 系统与之前 Windows 家族的操作系统相比,不仅仅在用户界面上更加华丽,而且在启动速度、操作便捷性、运行稳定性及安全性等方面也有较大的提高。本项目首先介绍 Windows 7 系统的基本操作,然后讲述 Windows 7 系统的文件操作及个性化属性设置。

【学习目标】

1. 了解 Windows 7 系统的基本操作。
2. 熟练掌握 Windows 7 系统中常用属性的设置方法。
3. 熟练掌握文件和文件夹的常用操作。
4. 了解 Windows 7 系统中高级应用的使用方法。

任务 2.1　Windows7 的基本操作

【任务解析】

Windows 7 系统与之前 Windows 家族的操作系统相比,不仅仅在用户界面上更加华丽,而且在启动速度、操作便捷性、运行稳定性及安全性等方面也有较大的提高。本任务是学习 windows7 的基本操作。通过此任务的学习,了解 Windows7 的启动与退出、窗口的概念基本操作、输入法设置、鼠标基本操作与设置、键盘基本操作与设置。

【知识要点】

☞ Windows7 的启动与退出

☞ 窗口的概念及基本操作

☞ 输入法设置

☞ 鼠标基本操作与设置

☞ 键盘基本操作与设置

【任务实施】

1. Windows 7 的启动与退出

（1）启动 Windows 7

按下电源按钮即可开启 Windows 7 系统，图 2-1-1 为 Windows 7 启动界面。系统启动完成后首先进入登录窗口，然后选择用户并输入密码，系统便会打开 Windows 7 桌面。根据登录用户的不同，系统会加载不同的桌面、桌面小工具及开始菜单。

2-1-1　Windows 7 启动界面　　　　　　　**图 2-1-2　关闭计算机**

（2）退出 Windows 7

用户完成工作任务以后，首先应该关闭所有应用程序，然后再退出 Windows 7 系统，否则会丢失未保存的资料或破坏应用程序。单击桌面左下角的开始菜单图标就会弹出"开始"菜单，点击"关机"按钮即可退出 Windows 7 系统，如图 2-1-2 所示。

当用户第一次进入系统时，Windows 7 会为用户提供一个默认的桌面环境，在此基础之上，用户可以定制个性化的桌面背景、桌面小工具、桌面图标、"开始"按钮、快速启动工具栏和任务栏。

2. 窗口的概念及基本操作

窗口是 Windows 7 系统为用户提供各种服务的主要渠道。通过不同的窗口，系统可以为用户显示和处理不同种类的任务信息。每当用户运行一个应用程序时，该应用程序会"通知"系统为其创建并显示一个窗口，当用户操作窗口中的命令菜单或按钮时，应用程序便会进行相关处理并将处理结果显示给用户。常用的窗口操作有打开窗口、关闭窗口、移动窗口及设置窗口的大小。

（1）打开窗口。应用程序通常会有两种打开方式，分别是利用桌面快捷图标和利用"开始"菜单。这两种方式都会触发窗口的打开操作。下面以打开"记事本"窗口为例，讲述如何利用"开始"菜单和快捷图标打开窗口，具体步骤如下：

① 利用"开始"菜单打开窗口。单击"开始"按钮，在弹出的"开始"菜单中选择"记事本"菜单命令，如图 2-1-3 所示，即可打开"记事本"窗口，如图 2-1-4 所示。

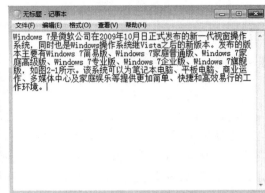

图 2-1-3　"记事本"菜单　　　　　图 2-1-4　"记事本"编辑环境

②　利用桌面快捷图标打开窗口。双击桌面上"记事本"图标,也可以在"记事本"图标上右键单击鼠标,在弹出的菜单中选择"打开"菜单命令,即可打开"记事本"窗口,如图 2-1-5 所示。

图 2-1-5　快捷菜单打开"记事本"　　　　图 2-1-6　文件菜单"退出"记事本

(2) 关闭窗口。在窗口使用完后,用户可以关闭该窗口。关闭窗口有以下几种方式:利用菜单命令、利用"关闭"按钮、利用任务栏和利用快捷键。

①　在"记事本"窗口中单击"文件"菜单,在弹出的菜单中选择"退出"菜单命令,如图 2-1-6 所示。

②　单击"记事本"窗口右上角的"关闭"按钮。

③　右键单击任务栏中"记事本"图标,在弹出的快捷菜单中选择"关闭窗口"命令,即可关闭当前窗口。

④　选中"记事本"窗口,同时按下"Alt＋F2"键即可关闭当前窗口。

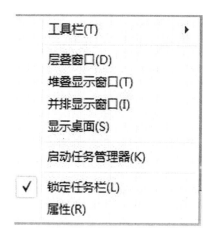

图 2-1-7　窗口排列方式

图 2-1-8　窗口层叠排列

（3）移动窗口。Windows 7 系统中，窗口在默认情况下是具有一定透明效果的，在多个窗口同时打开的情况下，会产生窗口重叠情况。用户可以通过设置窗口的显示形式对多个窗口进行排列，也可以通过鼠标拖拽对窗口进行移动。

① 利用任务栏排列窗口。在任务栏空白处单击右键，在弹出的快捷菜单中选择窗口排列形式，如图 2-1-7 所示。用户可以选择三种不同形式的排列方式，分别是"层叠窗口"、"堆叠显示窗口"和"并排显示窗口"，图 2-1-8 为"层叠窗口"排列效果。

② 利用鼠标拖拽移动窗口。将鼠标指针放在指定窗体的标题栏区域内，按下鼠标左键不松开，拖拽到需要的位置松开鼠标左键即可完成窗体的移动。

（4）设置窗口大小。默认情况下，窗口在首次打开时根据不同类型的应用程序，其初始大小和位置各不一样。用户可以根据自己的需要对窗口的大小和位置进行调整。下面以"记事本"工具为例，说明设置窗口大小的方法。

① 用窗口控制按钮设置窗口大小。在"记事本"窗口右上角有"最小化"、"最大化"和"还原"按钮。在图 2-1-9 中点击"最大化"按钮后，当前窗口会变成最大化状态，同时"最大化"按钮会变成"还原"按钮，如图 2-1-10 所示。当点击"还原"按钮后，窗口又会恢复成最大化之前的大小。

图 2-1-9　"最小化"与"最大化"按钮

图 2-1-10　"还原"按钮

单击"最小化"按钮后，"记事本"窗口会最小化至任务栏上，用户可以通过单击任务栏上的程序图标重新显示窗口。

② 利用鼠标手动调整窗口大小。用户可以利用窗口的四个边框和四个窗口边角来设置窗口大小。将鼠标移动至窗口某一边框时，鼠标形状变成"双向箭头"形状，按下鼠标左键后移动鼠标即可改变窗口大小。

3. 输入法设置

Windows 7 系统自带了一部分输入法，但并不一定适合所有用户的需求。用户可以自行安装第三方开发的输入法，或者删除一些不需要的输入法。

（1）选择输入法

单击状态栏中的输入法图标，即可弹出输入法列表，如图 2-1-11 所示，在输入法列表中选择合适的输入法。

（2）添加、删除输入法

右键单击状态栏中的输入法图标，在弹出的菜单中单击"设置'，菜单，即可弹出输入法管理对话框，如图 2-1-12 所示。通过此对话框可以对当前输入法列表进行添加和删除。

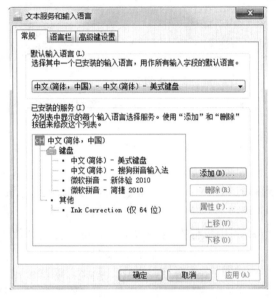

图 2-1-11　输入法列表　　　　图 2-1-12　输入法设置

4. 鼠标设置和键盘操作

鼠标和键盘是用户最常用的设备，同时也是计算机十分重要的输入设备，用于接收用户输入的数据和命令。

（1）鼠标设置

除了正常的使用鼠标外，用户还可以根据自己的需要对鼠标进行外观、按钮功能或灵敏度设置。

具体方法如下：点击"开始"菜单，在弹出菜单中选择"控制面板"菜单即可弹出"控制面板"窗口，在"控制面板"窗口中单击鼠标图标便可弹出"鼠标属性"窗口，如图 2-1-13 所示。通过该窗口，用户可以对鼠标左右键功能、双击速度、鼠标指针形状、指针移动、指针对齐、指针可见性及鼠标滑轮进行属性设置。图 2-1-14 为鼠标指针形状列表。

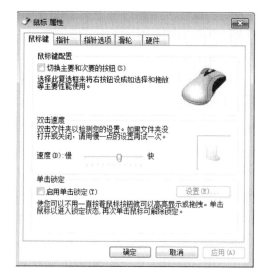

图 2-1-13 鼠标属性窗口

图 2-1-14 鼠标指针设置窗口

2. 键盘盘操作

键盘是用户与计算机之间最基本的对话输入设备,利用键盘可以完成 Windows 7 提供的所有操作功能。常见的键盘布局,如图 2-1-15 所示。

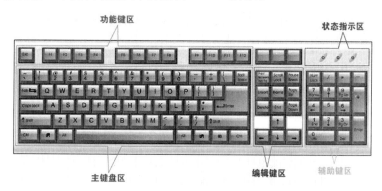

图 2-1-15 键盘布局

在利用键盘输入时,各手指击键分工如图 2-1-16 所示。

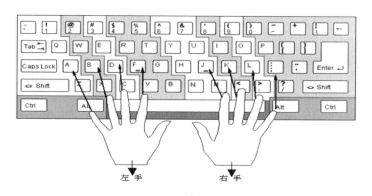

图 2-1-16 各手指击键分工

在用户接触计算机的初始阶段,可以借助一些专门练习打字的软件来提高自己的打字熟练程度。

【知识拓展】

1. 鼠标操作

我们先来看一下鼠标光标,当用户握住鼠标在桌面上滑动时,屏幕上跟着移动的那个符号就是鼠标光标。

使用鼠标时,用右手握住鼠标主体,将食指轻轻放在左键上,中指放在中键上,无名指放在右键上,当需要操作鼠标时,用手指击打对应的按键就可以了。

鼠标的五种基本操作:

(1)移动:握住鼠标在桌面上或鼠标垫上移动,使屏幕上的指针移动。

(2)单击:用鼠标光标指向某操作对象,然后快速按一下鼠标左键。

(3)双击:用鼠标光标指向某操作对象,然后快速地连续按两下鼠标左键。

(4)拖动:用鼠标光标指向某操作对象,然后按住鼠标左键并移动鼠标,当到达合适位置时,放开鼠标左键。

(5)右击:用鼠标光标指向某操作对象,然后按一下鼠标右键。

2. 键盘的分区

(1)主键盘区

主键盘区又称为打字键区位于键盘的左下方,是键盘中最主要的区域,与普通英文打字机的键盘类似,其主要功能是输入文字和符号。包括英文字母、数字和符号。系统控制键及作用如下表所示:

表 2-1-1　系统控制键及作用

<Tab>	制表键。每按一次,光标向右移动 8 个字符位置。
<CapsLock>	大小写转换键。控制<CapsLock>灯的发亮或熄灭,<CapsLock>灯亮,表示大写状态,否则为小写状态。
<Ctrl>	控制功能键。须与其他键同时组合使用才能完成某些特定功能。
<Shift>	换档键(主键盘左右下方各一个,其功能一样)。主要用途: ① 同时按下<Shift>和具有上下档字符的键,上档符起作用; ② 用于大小写字母输入:当处于大写状态,同时按下<Shift>和字母键,输入小写字母;当处于小写状态,同时按下<Shift>和字母键,输入大写字母。
<Alt>	组合功能键。须与其他键同时使用,才能完成某些特定功能。
<Space>	空格键(键盘下方最长的键)。按一下产生一个空格。
<Backspace>	或写为<←>,退格键。删除光标所在位置左边的一个字符。
<Enter>	或写为<↵>,回车键。结束一行输入,光标到下一行。

(2)功能键区

功能键区位于键盘的最上面一排,它们的作用分别如下表所示:

表 2-1-2　功能键区键及作用

操作键	键的操作功能
＜ ESC ＞	用来中止某项操作。在有些编辑软件中,按一下 ESC 键,弹出系统菜单。
＜ F1～F12 ＞	在不同的应用软件中,能够完成不同的功能。
＜ PrintScreen ＞	用于对屏幕进行硬拷贝,即打印屏幕键。 按＜PrintScreen＞键可以将当前的活动窗口复制到剪贴板中。
＜ Scroll Lock ＞	滚屏幕状态和自锁状态。
＜ Pause/Break ＞	暂停键。当屏幕在滚动显示某些信息时按下此键,可以暂停显示,直到按下任意键盘为止。如果同时按下＜Ctrl＞和＜Pause＞键,通常可以终止当前程序的运行。

3. 键盘的常用组合键

在 Windows 7 中,键盘可以完成许多操作,常用的键盘操作是:

键符"＋":在两个键之间的"＋"符号,表示先按"＋"号左边的键后,紧接着按下"＋"右边的键。

表 2-1-3　常用组合键

操作	快捷键
显示所选项目的帮助	F1
复制选定的内容	Ctrl＋C
粘贴内容	Ctrl＋V
剪切选定的内容	Ctrl＋X
撤销上一次操作	Ctrl＋Z
删除选定内容	Delete
屏幕抓图	PrintScreen
屏幕抓取活动窗口	PrintScreen
打开菜单栏的下拉菜单	Alt＋菜单上的字母
关闭多文档界面程序中的当前窗口	Ctrl＋F4
关闭当前窗口的控制菜单	Alt＋F4
显示当前窗口的控制菜单	Alt＋空格键
显示所选项目的快捷菜单	Shift＋F10
显示"开始"菜单	Ctrl＋Esc
切换到上次使用的窗口	Alt＋Tab

任务 2.2　Windows7 的文件和文件夹管理

【任务解析】

本任务主要学习 windows7 的文件和文件夹的基本操作。通过此任务的学习，了解文件及文件夹的概念，掌握文件打开和关闭、文件复制和移动、查看文件属性、文件重命名和删除、文件夹的打开和关闭、文件夹复制、移动和删除等基本操作。

【知识要点】

☞ 文件及文件夹的概念
☞ 文件打开和关闭
☞ 文件复制和移动
☞ 查看文件属性
☞ 文件重命名和删除
☞ 文件夹的打开和关闭
☞ 文件夹复制、移动和删除

【任务实施】

与以前的 Windows 操作系统一样，在 Windows 7 系统中文件也是最小的数据组织单元。文件根据其类型不同，可以存放文本、图像和视频等信息。为了方便用户和操作系统对文件进行访问，一组相互之间存在一定关系的文件将被存放在一个文件夹内。整个计算机的存储空间（通常指硬盘）被划分成若干个区，所有的文件及文件夹都会被放置在这些分区内，用户可以通过 Windows 7 提供的目录服务对这些文件夹和文件进行访问和管理。

1. 文件和文件夹的概念

Windows 7 系统通过对文件及文件夹的管理，实现对整个计算机硬件和软件的使用和管理。

（1）文件的概念

文件是所有 Windows 系统操作磁盘信息的基本单位，一个文件代表了存在于磁盘上的一个信息集合。例如，一封存储于 Word 文档中的求职信，代表了求职信中文字信息的集合。在 Windows7 系统中，每一个文件都会有一个唯一的名称，文件名通常会有文件名称和扩展名称组成，文件的扩展名称代表了文件的类型。"求职信.docx"中"求职信"是文件名称，".docx"代表了该文件类型是 Word 文档。

（2）文件夹的概念

在 Windows 操作系统中，文件夹通常作为一个存放文件的容器，用来存放一组文件。树状结构的文件夹是当前个人计算机操作系统中最常见的文件管理模式，其特点是结构简单、层次分明、容易理解。

2. 文件操作

熟练掌握文件的各项操作是用户管理和使用计算机的基础。文件的基本操作包括打开和关闭文件、复制和移动文件、删除文件、查看文件属性、新建文件、重命名文件等。

(1) 打开和关闭文件。

① 常用的打开文件的方式有以下三种。

第一种,通过双击指定文件的方式打开。

第二种,通过单击右键,在弹出的快捷菜单中选择"打开"菜单命令打开文件,如图 2-2-1 所示。

图 2-2-1 利用快捷菜单

图 2-2-2 利用"打开"菜单打开文件

第三种,通过应用软件中提供的"打开"菜单打开文件,如图 2-2-2 所示。

② 常用的关闭文件的方式有以下两种。

第一种,在打开的文件操作环境右上角有一个关闭按钮,单击此按钮即可关闭文件。

第二种,按下"A1t＋F2"组合键,即可快速地关闭当前已打开的文件。

(2) 复制和移动文件。通过"复制"命令可以对选中的文件进行创建副本,通过"移动"命令可以将选中的文件移动至新的文件夹内,从而改变了源文件的存储位置。

① 复制文件。文件的复制通常可以通过以下三种方式实现:

第一种,选中一个或一组文件后单击右键,在弹出的右键菜单中选择"复制"命令,如图 2-2-3 所示。

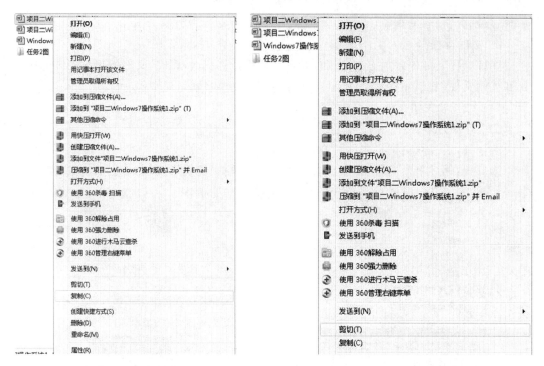

图 2-2-3 利用快捷菜单复制文件　　　　**图 2-2-4 利用快捷菜单移动文件**

第二种,选中文件后按下"Ctrl＋C"组合键,即可实现对选中的文件进行复制。在完成复制工作后,即可在指定的目标位置单击右键,在弹出的右键菜单中选择"粘贴"命令,即可实现将源文件移动至指定文件夹中。

第三种,选中文件后按下"Ctrl"键拖拽鼠标至目标文件夹,即可完成文件的复制和粘贴工作。

② 移动文件。常用的文件的移动操作有以下两种。

第一种,单击右键,在弹出的右键菜单中选择"剪切"命令,如图 2-2-4 所示。在目标文件夹中单击鼠标右键,在弹出的右键菜单中选择"粘贴"命令,即可实现将文件从源文件夹移动至目标文件夹。

第二种,选择文件后,按下"Ctrl＋X"组合键,在目标文件夹中按下"Ctrl＋V"组合键,即可实现将文件从源文件夹移动至目标文件夹。

（3）查看文件属性。通过文件"属性"对话框,用户可以了解文件的相关详细信息。在用户选中指定文件后单击鼠标右键,在弹出的右键菜单中选择"属性"菜单命令,即可弹出文件"属性"对话框。在"常规"选项卡中可以看到文件的基本信息,如图 2-2-5 所示。

图 2-2-5　"常规"选项卡

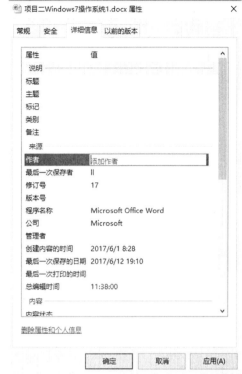

图 2-2-6　"详细信息"选项卡

在"详细信息"选项卡中,用户可以查看文件的文件名称、文件类型、存放路径、修改日期等信息,如图 2-2-6 所示。

(4) 重命名文件名

用户可以为文件更改一个文件名称。在选中的文件上单击右键,在弹出的右键菜单中选择"重命名"菜单,如图 2-2-7 所示;或者按下"F2"键,或者用鼠标分两次单击(不是双击)指定文件,即可让选中的文件名进入编辑状态,此状态下文件名以蓝色背景显示。在输入完新的文件名称之后,按下"Enter"键即可完成文件的重命名。在修改文件名时,注意不要修改文件的扩展名,否则会造成文件无法正常打开。

图 2-2-7 "重命名"菜单

图 2-2-8 利用"组织"删除文件

（5）删除文件。对于计算机中不再使用的文件，可以将其删除以便释放磁盘的存储空间。常用的删除文件方法有以下几种：

第一种，选择需要删除的文件，单击右键，在弹出的右键菜单中选择"删除"命令，如图2-2-7所示。

第二种，选择需要删除的文件，然后按下"Delete"键即可实现删除。

第三种，选择需要删除的文件，然后选择"组织"和"删除"命令，如图 2-2-8 所示。

以上三种文件删除方式都会打开"删除文件"对话框，需要点击"是"按钮才能完成删除操作。

3. 文件夹操作

在 Windows 操作系统中，文件夹是文件存放的载体。文件夹中可以包含文件和子文件夹，其外观有图标和文件夹名称组成。文件夹的常用操作有文件夹的打开、关闭、复制、移动、删除、文件夹属性的查看与设置、文件夹显示方式设置、隐藏和显示文件夹和文件夹快捷方式的创建等。其中，文件夹的打开、关闭、复制、移动、删除操作和文件的操作类似，这里不再重复叙述。

（1）设置文件夹只读属性。

选择指定文件夹后单击右键，在弹出的右键菜单中选择"属性"命令，即可弹出文件夹"属性"对话框，在"常规"选项卡中可以看到文件夹的基本信息，如图2-2-9所示。

将文件夹设置为只读属性，用户在使用该文件夹时，只能读取查看其中的内容，而不能进行修改。

选择"共享"选项卡，即可显示和设置该文件夹的局域网共享信息，如图2-2-10所示。

图 2-2-9   "常规"选项卡　　　　　　　　图 2-2-10   "共享"选项卡

（2）设置文件夹的显示方式。Windows 7 系统提供了多种文件夹显示方式,用户可以
【查看】菜单方便快捷地设置文件夹的查看方式、排序方式和分组依据,如图 2-2-11 所示。

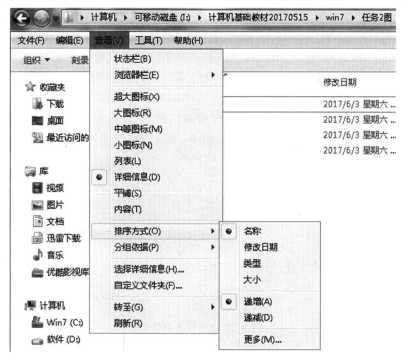

图 2-2-11   利用【查看】菜单设置文件夹查看方式

（3）隐藏和显示文件夹。如果用户不想让比较重要的文件夹被别人看到，可以通过设置文件的隐藏属性将其隐藏。在文件夹"常规"选项卡中，勾选中"隐藏"选择框则会隐藏文件夹，取消勾选则会重新显示被隐藏的文件夹，如图 2-2-12 所示。

如果文件夹被设置为隐藏，那么会打开"确认属性更改"对话框。在此对话框中，用户可以选择是否将属性更改应用于此文件夹包含的子文件夹和文件。

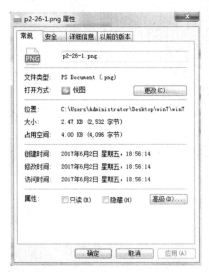
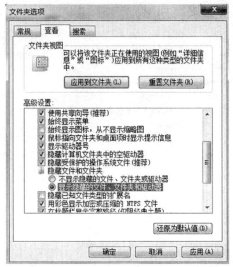

图 2-2-12　设置文件夹隐藏属性　　　　图 2-2-13　显示隐藏的文件和文件夹

在文件夹被隐藏之后，如果想重新看到被隐藏的文件夹，需要打开"文件夹选项"对话框中的"查看"选项卡，在"高级设置"中勾选"显示隐藏的文件、文件夹或驱动器"选项，如图 2-2-13 所示。再点击"确定"按钮后即可将隐藏的文件和文件夹重新显示出来。

（4）创建文件夹的快捷方式。对于用户经常访问的文件和文件夹，可以为其创建桌面快捷方式，从而方便用户对其进行访问。

选中目标文件单击右键，在弹出的右键菜单中选择"发送到"中的"桌面快捷方式"命令，即可为文件夹创建一个桌面快捷方式，如图 2-2-14 所示。

图 2-2-14　创建文件夹的快捷方式

4. 新建文件和文件夹

（1）新建文件

① 选中需要创建新文件的位置，如桌面、文件夹。

② 在"文件"菜单上选择"新建"命令，出现"新建"子菜单，单击"文本文档"子菜单，如图 2-2-15 所示。

③ 出现新文件图标，图标旁显示蓝色的"新建文本文档.txt"几个字，作为新建文档的临时名称，如图 2-2-16 所示。

④ 输入所创建文件的名称代替"新建文本文档"几个字即可。

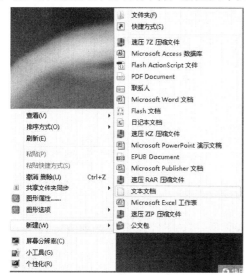

图 2-2-15　"文件"菜单上选择"新建"　　　图 2-2-16　新建文件与文件夹

（2）新建文件夹

① 选中需要创建新文件夹的位置，如桌面、文件夹。

② 在"文件"菜单上选择"新建"命令，出现"新建"子菜单，单击"文件夹"子菜单，如图 2-2-15 所示。

③ 出现新文件夹图标，图标旁显示蓝色的"新建文件夹"几个字，作为新文件夹的临时名称，如图 2-2-16 所示。

④ 输入所创建文件夹的名称代替"新建文件夹"几个字即可。

【知识拓展】

1. 文件的类型

在 windows7 中，系统可以支持多种类型的文件。文件类型是根据它们的信息类型的不同而分类的，不同类型的文件要用不同的应用软件打开。同时，不同类型的文件在屏幕上的缩略显示图标也是不同的。文件大致可以分为下列两大类：

① 程序文件：程序文件是由二进制代码组成的。当用户查看程序文件内容时，往往会看到一些不明意思的符号，这是二进制代码对应的 ASCII 符号。在系统中，程序文件的文件扩展名一般为 exe 或 com。双击大多数程序文件名都可以对其进行启动。

② 数据文件：数据文件是存放各种类型数据的文件，它可以是用可见的 ASCII 字符或汉字组成的文本文件，也可以是以二进制数组成的图片、声音、数值等各种文件。例如图像文件、声音和影像文件、字体文件等。像 Windows7 中自带了多种字体，这些字体文件通常存放在 C:\Windows\Fonts 文件夹下。打开 Fonts 文件夹，可以看到其中的各种字体图标，双击某字体图标可以打开该字体的样式说明窗口。

2. 文件及文件夹的命名规则

为了存取保存在磁盘中的文件，每个文件都必须有一个文件名，才能做到按名存取。

文件名由主文件名和扩展名两部分组成，中间用"."作分隔。扩展名一般用于表示文件的类型，它是由生成文件的软件自动产生的一种格式标识符。

文件生成后，一般不能通过改变其扩展名来改变文件类型，但可以通过相应的软件进行适当的变换。

Windows7 允许文件名长达 256 个字符。为 Windows7 设计的各种应用程序都可以使用这些长文件名进行访问。

① 在文件或文件夹的名字中，最多可使用 256 个字符。

② 组成文件名或文件夹的字符可以是：英文字母、数字及 $'& @ ！%()+,;=\]\〔 减号、下划线、空格、汉字等字符。

但不能使用下列 9 个符号：问号?、反斜杠\、星号 *、分割线|、引号"，左括号＜、右括号＞、冒号:、斜杠/。

③ 文件名的首尾空格符将被忽略不计，但主文件名或扩展名的中间均可包含空格符。

④ Windows7 保留用户指定名字的大小写格式，但不能使用大小写区别来搜索文件名，如 efg. txt 和 EFG. TXT 被认为是同一个文件名。

⑤ 引用文件名时，其主文件名不能省略，但扩展名可以省略。

⑥ "*"和"?"字符不能作为文件名或文件夹名中的字符，但可以表示多义匹配字符，用来说明一组文件，称为文件的通配字符。

"?"字符代替文件名某位置上的任意一个合法字符。"*"代表从 * 所在位置开始的任意长度的合法字符串的组合。例如，"x? y. tx?"代表文件名的第 2 位和扩展名第 3 位可以为任意合法字符的一组文件。"*.EXE"可代表所有以 EXE 为扩展名的文件，而"*.*"则表示当前目录下的所有可显示的文件名。

在 Windows7 中并不忽略"*"号后的字符，例如：* prg *. * 可表示 aprgwen. exe、xyzprgone. txt 等。表示只要文件名中含有 prg 字符即可。

3. 文件路径

目录（文件夹）是一个层次式的树形结构，目录可以包含子目录，最高层的目录通常被称为根目录。

根目录是在磁盘初始化时由系统建立的，如："C:\"、"D:\"等。用户可以删除子目录，但不能删除根目录。

从文件夹的概念来看，最高层的文件夹就是桌面。文件都是存放于文件夹中，如果要对某个文件进行操作时，就应指明被操作文件所在位置，这就是文件路径，把从根目录（最高层文件夹)开始到达指定的文件所经历的各级子目录(子文件夹)的这一系列目录名(文件夹名)称为目录的路径(或文件夹路径)。

路径的一般表达方式是:\子目录 1\子目录 2\……\子目录 n

或:\子文件夹 1\子文件夹 2\……\子文件夹 n

在使用文件的过程中经常需要给出文件的路径来确定文件的位置。常常通过浏览的方式查找文件,路径会自动生成。

4. 常用扩展名

扩展名	说　明	扩展名	说　　明
exe	可执行文件	sys	系统文件
com	命令文件	zip	压缩文件
htm	网页文件	doc	word 文件
txt	文本文件	c	C 语言源程序
bmp	图像文件	pdf	Adobe Acrobat 文档
swf	Flash 文件	wav	声音文件
java	Java 语言源程序	cxx	C++语言源程序

任务 2.3　Windows7 的个性化环境设置

【任务解析】

本任务是学习 windows7 的个性化环境设置。通过此任务的学习,首先认识 windows7 的桌面图标,并掌握"开始"菜单设置、任务栏设置、桌面背景设置、屏幕分辨率设置、屏幕保护程序设置的基本操作。

【知识要点】

☞ 桌面图标设置

☞ "开始"菜单设置

☞ 任务栏设置

☞ 桌面背景设置

☞ 屏幕分辨率设置

☞ 屏幕保护程序设置

【任务实施】

Windows7 的个性化环境设置主要包括桌面图标、设置桌面小工具、设置任务"开始"菜单、设置任务栏、桌面背景设置、Windows 主题设置、屏幕分辨率设置、屏幕保护程序设置、鼠标设置。

1. 设置桌面图标

在 Windows 7 系统中,桌面图标包括系统图标和快捷方式图标两种,快捷方式图标又包括应用程序快捷方式图标和文件(文件夹)快捷方式图标。当用户首次进入系统时,Windows 7 通常会提供五个默认的系统图标,即计算机、回收站、用户的文件、控制面板和网络。如果需要修改系统图标,用户可以右键单击桌面上的空白处,在弹出的右键菜单中单击"个性化"命令即可打开"个性化"窗口,在此窗口中选择左侧的"更改桌面图标"命令即可弹出"桌面图标设置"对话框,如图 2-3-1 所示,通过勾选和取消完成桌面图标的更改。

图 2-3-1　桌面图标设置

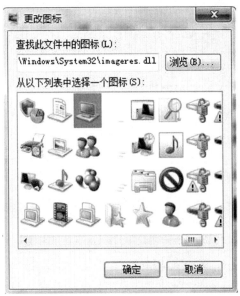

图 2-3-2　更改图标

如果需要修改"计算机"图标,用户可以选中"计算机",单击【更改图标】,打开【更改图标】对话框。在打开的"更改图标"对话框中,如图 2-3-2 所示,从"从以下列表中选择一个图标"选择框中选择要更改的图标样式即可完成快捷方式图标的更改。

2. 设置桌面小工具

在桌面的空白处单击鼠标右键,从弹出的快捷菜单中选择"小工具"命令,在弹出的"桌面小工具"窗口中,系统列出了多个自带的小工具,如图 2-3-3 所示。

选中指定小工具后右键单击鼠标,在弹出的快捷菜单中选择"添加"命名即可将其添加到桌面。如果想要移除小工具,只需将鼠标放在小工具右侧,单击"关闭"按钮即可从桌面移除小工具,如图 2-3-4 所示。

图 2-3-3　"桌面小工具"窗口　　　　　图 2-3-4　关闭"桌面小工具"

3. 设置"开始"菜单

单击桌面左下角的"开始"按钮 ，即可弹出"开始"菜单。"开始"菜单包含了 Windows7 系统中所有应用程序的启动菜单，这些菜单根据功能不同被分别放置在"固定程序"列表、"常用程序"列表、"所有程序"列表、"启动"菜单、"关闭选项"按钮区和"搜索"框中。右键单击"开始"菜单，点击"属性"菜单进入"任务栏和「开始」菜单属性"对话框。选择对话框"「开始」菜单"选项卡中"自定义"按钮便可打开个性化的"开始"菜单设置对话框。如图 2-3-5 所示。

4. 设置任务栏

任务栏是位于桌面最下方的一层菜单区，它主要由"程序"区域、"通知"区域及"显示桌面"按钮组成。在"任务栏和「开始」菜单属性"对话框中，点击"任务栏"选项卡，如图 2-3-6 所示，即可进行任务栏属性设置。

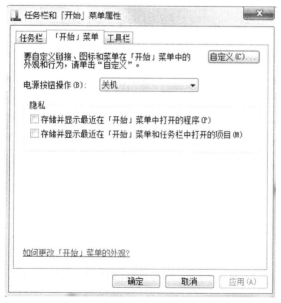

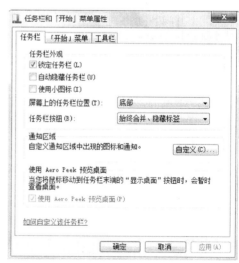

图 2-3-5　【开始】菜单属性　　　　　图 2-3-6　【任务栏】属性

5. 设置桌面背景

（1）设置为系统内置背景

① 在 win7 系统桌面空白处单击右键，选择【个性化】。

② 打开单击【桌面背景】，如图 2-3-7 所示。

③ 选择你想替换的桌面壁纸主题就可以更换成功，如图 2-3-8 所示。

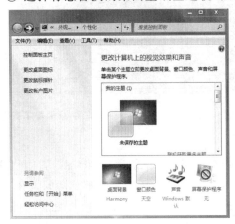 

图 2-3-7 设置【桌面背景】　　　　图 2-3-8 设置为系统内置背景

（2）自定义桌面背景

①在【选择桌面背景】对话框中，图片位置处选择【浏览】，找到图片存储的位置，选择需要更换的图片，如图 2-3-9 所示。

② 选择好更换的图片后，在左下角的【图片位置】选择"填充"、"适应"、"拉伸"、"平铺"。选择"适应"时不会使图片变形。然后，点击【保存修改】。关闭对话框即可，如图 2-3-10 所示。

 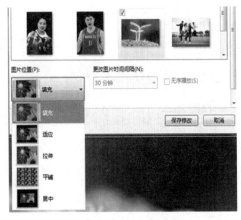

图 2-3-9 【浏览】选择背景图片　　　　图 2-3-10 选择"填充"

6. 屏幕保护程序设置

① 右键点击电脑空白处，进入个性化设置。

② 单击【屏幕保护程序】，打开【屏幕保护程序设置】对话框，如图 2-3-11 所示。

③ 单击【屏幕保护程序】下的下拉框，选择"变幻线"，设置屏幕保护程序，等待时间设

置 2 分钟,如图 2-3-12 所示。

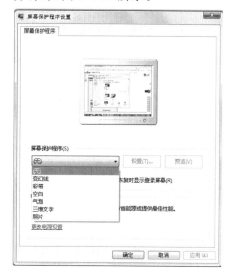

图 2-3-11　【屏幕保护程序设置】对话框　　　图 2-3-12　设置屏幕保护程序

7. 屏幕分辨率设置

① 右键点击电脑空白处,进入个性化设置。

② 单击【屏幕分辨率】,打开【屏幕分辨率】对话框,如图 2-3-13 所示。

③ 单击【分辨率】右边的下拉框,设置分辨率。

图 2-3-13　设置屏幕分辨率

【知识拓展】

1. 更换桌面主题

使用 Windows 7 可以选择主题。主题设置包括桌面图片、窗口颜色、快捷方式图表、工具包等。

操作步骤：

在桌面空白处右键，点击弹出菜单中的个性化选项，系统中预先提供数十款不同的主题，用户可以随意挑选其中的任何一款。

2. 创建桌面背景幻灯片

Windows 7 提供桌面背景变换功能，你可以将某些图片设置为备用桌面，并设定更换时间间隔。每过一段时间后，系统会自动呈现出不同的桌面背景。

操作步骤：

在桌面空白处右键，点击弹出菜单中的个性化选项；点击桌面背景；选择图片位置列表；按 Ctrl 键选择多个图片文件；设定时间参数；图片显示方式；最后点击保持即可。

3. 添加应用程序和文档到任务栏

Windows 7 的任务栏与旧版 Windows 有很大不同，旧版中任务栏只显示正在运行的某些程序。Windows 7 中还可添加更多的应用程序快捷图表，几乎可以把开始菜单中的功能移植到任务栏上。

操作步骤：点击开始，资源管理器，选择常用应用程序，右键导入到任务栏，点击保存。

4. 设置关机按钮选项

关机按钮中提供控制电脑的状态：关机、待机、睡眠、重启、注销、锁定。用户可以选择默认的操作选项。

操作步骤：

点击开始按钮，选择属性，选择开始菜单标签，在下拉列表中选择默认系统状态，点击确定保存。

任务 2.4　Windows7 的高级设置

【任务解析】

本任务是学习 windows7 的高级设置。通过此任务的学习，首先认识控制面板、用户账户管理、系统设备管理，掌握卸载、更改程序的操作，了解磁盘管理的基本操作。

【知识要点】

☞ 控制面板
☞ 用户账户管理
☞ 系统设备管理

☞ 卸载、更改程序

☞ 磁盘管理

【任务实施】

1. 控制面板

Windows 7 系统中,控制面板是对操作系统本身的软件硬件资源进行配置和管理的工具。通过控制面板,可以帮助用户调整计算机的相关设置,从而使得操作变得更加人性化和个性化,同时还能增强操作电脑的趣味性。

选择"开始"菜单中的"控制面板"命令即可打开"控制面板"对话框,如图 2-4-1 所示。

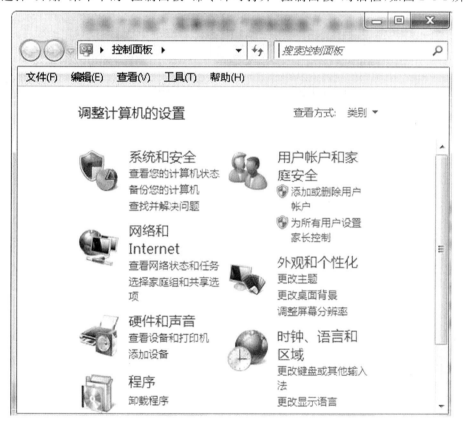

图 2-4-1　"控制面板"对话框

2. 用户账户管理

与之前的 Windows 操作系统用户管理方式相比,Windows 7 提出了一个新的计算机安全管理机制,即用户帐户控制。

（1）添加其他用户帐户

在"控制面板"窗口点击"添加或删除用户帐户"菜单即可打开"管理帐户"窗口,如图 2-4-2 所示。在此窗口中,用户可以查看和设置已创建的帐户信息,也可以点击"创建一个新帐户"菜单打开"创建新帐户"窗口。

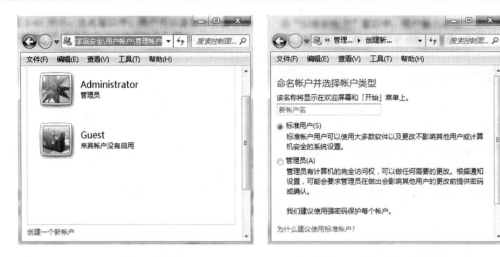

图 2-4-2 "管理帐户"窗口   图 2-4-3 "创建新帐户"窗口

在"创建新帐户"窗口中,用户输入新帐户名称并选择帐户类型(标准用户/管理员)之后,点击"创建帐户"按钮即可完成帐户创建,如图 2-4-3 所示。

（2）修改用户帐户

通过"创建新帐户"窗口创建的用户帐户默认情况下没有密码,如果需要设置密码、更换帐户名称、更改用户图片、更改帐户类型和删除帐户等操作,那么需要在"管理帐户"窗口中点击对应的帐户,即可打开"更改账户"窗口,如图 2-4-4 所示。选择"创建密码",即可打开"创建密码"对话框,如图 2-4-5 所示。

图 2-4-4 "更改账户"窗口

图 2-4-5 "创建密码"窗口

3. 系统设备管理

当前计算机中所有硬件设备的安装和配置信息都可以通过设备管理器进行管理,常用操作有查看和更改设备属性、更新设备驱动程序、配置设备设置和卸载设备。

用户可以通过右键单击桌面上的"计算机"图标,在弹出的右键菜单中选择"属性"命令,即可弹出"系统属性"对话框,如图 2-4-6 所示。

图 2-4-6　"系统属性"对话框

图 2-4-7　设备管理器对话框

在弹出的"系统属性"对话框中点击左上角的"设备管理器"菜单,即可弹出"设备管理器"对话框,如图 2-4-7 所示。通过此对话框用户可以查看设备清单、更改设备属性、更新设备驱动程序、禁用或卸载设备。

4．卸载/更改程序

用户如果想查看或更改当前计算机中已经安装的所有程序清单,可以使用控制面板中的"卸载"服务。在控制面板中点击"卸载"图标,即可打开"程序和功能"对话框,如图 2-4-8 所示。在此对话框的程序列表中,用户可以点击右键对程序进行卸载或更改操作。

图 2-4-8　"卸载或更新程序"对话框

5．磁盘管理

磁盘管理是一种用于管理硬盘及其所包含的卷或分区的系统实用工具。使用磁盘管理可以初始化磁盘、查看磁盘空间、格式化磁盘、清理磁盘等。磁盘管理可以使您无需重新启动系统或中断用户就能执行与磁盘相关的大部分任务。多数配置的更改可立即生效。

(1) 查看磁盘空间

查看每一个磁盘分区的属性窗口，即可了解该磁盘的当前状况。打开"计算机"窗口，在指定磁盘驱动器上单击右键，在弹出的右键菜单中选择"属性"菜单，即可打开磁盘属性窗口，如图 2-4-9 所示。在默认打开的"常规"选项卡中显示了该磁盘分区的卷标名、磁盘类型、文件系统、磁盘已用空间、可用空间和总容量信息。

图 2-4-9　磁盘属性对话框　　　　图 2-4-10　格式化磁盘对话框

(2) 格式化磁盘

对于分区之后第一次使用的磁盘分区，需要先进行格式化操作才能存入文件信息。在右键单击指定磁盘弹出的右键菜单中选择"格式化"命令，即可弹出"格式化本地磁盘"对话框，如图 2-4-10 所示。在"格式化本地磁盘"对话框中，用户在设置参数后，单击"开始"按钮即可开始格式化操作。

格式化操作将会删除该磁盘分区上的所有信息，在格式化之前系统会给出一个确认提示，要求用户再次确认进行格式化操作。在用户确认之后，系统才会执行格式化操作。

(3) 磁盘清理

用户在使用 Window 7 系统一段时间之后，系统需要缓存一些临时文件，形成一些不再需要的"垃圾文件"，造成系统运行速度下降和可用存储空间减少。用户可以使用系统提供的磁盘清理程序来搜索和删除这些"垃圾文件"。

在"开始"菜单中选择"所有程序"菜单，弹出"所有程序"列表，选择"附件"→"系统工具"→"磁盘清理"菜单，如图 2-4-11 所示，即可弹出"磁盘清理：驱动器选择"对话框，如图 2-4-12 所示。选择指定磁盘驱动器并点击"确定"按钮，系统在进行计算之后会打开"磁盘清理"对话框。

从中选择要清理的项目即可开始清理操作。

图 2-4-11　"磁盘清理"菜单　　　图 2-4-12　"磁盘清理"对话框

【知识拓展】

1. 用户帐户控制

与之前的 Windows 操作系统用户管理方式相比,Windows 7 提出了一个新的计算机安全管理机制,即用户帐户控制。细分控制的级别和自动通知管理员机制,这使操作系统的管理更加人性化。在家庭和工作环境中,使用标准用户帐户可以提高安全性并降低总体拥有成本。当用户使用标准用户权限(而不是管理员权限)运行时,系统的安全配置(包括防病毒和防火墙配置)将得到保护。这样,用户将能拥有一个安全的区域,可以保护他们的帐户和系统的其余部分。对于企业部署,桌面 IT 经理设置的策略将无法被覆盖;而在共享家庭计算机上,不同的用户帐户将受到保护,避免其他帐户对其进行更改。

2. Window 7 磁盘分区

在操作系统运行过程中对磁盘进行分区、创建和扩大,是 Windows 7 系统新增加的功能。通过该功能,用户可以方便地对 Windows 7 系统中的磁盘进行容量分配。具体操作过程如下:右键单击"计算机",在弹出的右键菜单中选择"管理"命令,即可打开"计算机管理"窗口,如图 2-4-13 所示。在"计算机管理"窗口中点击左侧的"磁盘管理"选项,即可在右侧显示当前计算机中可用的磁盘分区信息,如图 2-4-14 所示。

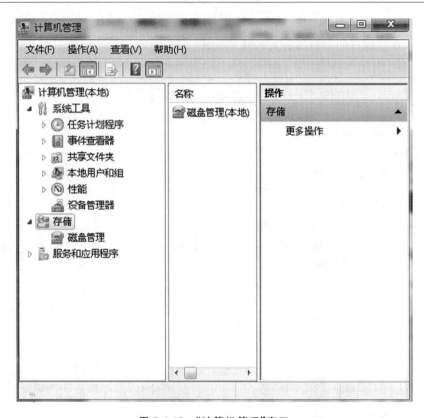

图 2-4-13　"计算机管理"窗口

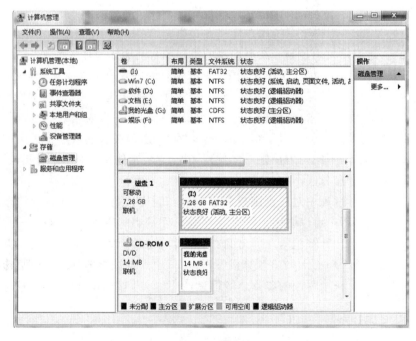

图 2-4-14　磁盘管理窗口

项目 3　Word 2010

【项目综述】

Word 2010 是美国微软公司发布的 Office 2010 办公软件中的核心组件之一,它具有强大的文本处理能力,用户可以方便地编辑文本,制作各种专业文档,如信件、公文、论文、报纸、书刊等。本项目将具体通过 7 个学习型任务,向用户介绍 Word 2010 处理文档的方法,包括文本编辑、格式化文本、图表处理以及打印处理等操作方面的知识。通过本项目的学习用户可以使用 Word 2010 制作各类文档,轻松完成自己的工作。

【学习目标】

1. 掌握创建和保存 Word 2010 的方法。
2. 掌握 Word 2010 的基本操作。
3. 掌握 Word 2010 文档编辑的方法。
4. 掌握 Word 2010 格式设置的方法。
5. 掌握 Word 2010 页面排版的方法。
6. 掌握在 Word 2010 中插入、编辑表格的方法。
7. 掌握在 Word 2010 中插入图形、公式等对象的方法。

任务 3.1　会议通知制作

【任务解析】

本任务是使用 Word 2010 文本处理软件来制作一份会议通知文件如图 3-1-1 所示。通过此任务的学习,首先认识 Word 2010 的工作界面,并掌握创建、保存 Word 文档的方法,了解 Word2010 的基本操作。

图 3-1-1 会议通知

【知识要点】

☞ 新建、保存 Word 文档

☞ 编辑文本

☞ 页面设置

☞ 文本格式设置

☞ 项目符号和编号设置

☞ 在文档中插入日期

☞ 在文档中插入形状

☞ 在文档中插入艺术字

【任务实施】

1. Word 2010 的启动和退出

（1）启动 Word 2010

启动 Word 2010 即打开 Word 2010 的工作界面，方法有以下三种：

① 通过"开始"菜单启动：选择"开始"→"所有程序"→"Microsoft Office"→"Microsoft Word 2010"命令。

② 通过桌面快捷方式图标：在桌面上双击 Word 2010 中文版的快捷方式图标。

③ 通过已有的 Word 工作簿文件启动：找到某 Word 工作簿文件，双击该文件可启动 Word 2010，同时打开该文件。

（2）退出 Word 2010

退出 Word 2010 即关闭 Word 2010 的工作界面，方法有以上四种：

① 选择"文件"选项卡上的"退出"。

② 单击 Word 2010 窗口右上角的关闭按钮。

③ 按【Alt＋F4】组合键。

④ 双击 Word 2010 窗口左上角的 Word 图标；或右击标题栏，在快捷菜单中选择"关闭"命令。

2. 认识 Word 2010 工作界面

Word 2010 启动后，打开的窗口即为其工作界面，主要由标题栏、快速访问工具栏、选项卡、工作区、编辑栏以及滚动条等组成，如图 3-1-2 所示。

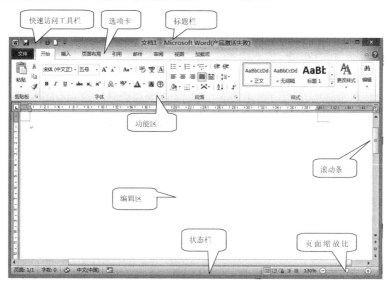

图 3-1-2　Word2010 工作界面

（1）标题栏

标题栏位于 Word 2010 工作界面的顶部，它的作用主要是显示当前正在编辑的文档名称，并且可以通过鼠标操作来控制窗口。

（2）快速访问工具栏

默认情况下，快速访问工具栏位于 Word 2010 工作界面的顶部，它的作用是快速访问用户频繁使用的指令。用户可以自定义快速访问工具栏，将常用的指令添加其中，具体步骤如下：

① 单击快速访问工具栏，弹出指令菜单，如图 3-1-3 所示。

② 在菜单中选择某个命令，即可将该命令添加至快速访问工具栏中，如图 3-1-2 所示。

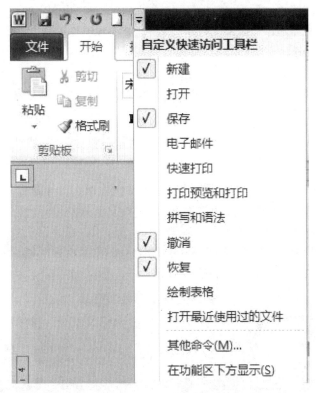

图 3-1-3 快速访问工具栏"弹出指令菜单"

（3）功能区

在 Word 2010 中，功能区替代了 Word 2003 中的工具栏和菜单。功能区包含了多个围绕特定方案和对象进行组织的选项卡，而且每个选项卡的控件又进一步细化为几个组，其展现的内容较之菜单和工具栏更为丰富，用户只需单击或选择功能区中的按钮及列表即可执行相应的命令。

（4）编辑区

Word 2010 工作界面中白色的区域即为编辑区，它是编辑文本的主要区域，在编辑区闪动的竖线为文本的编辑点，用于定位文本的操作位置。

（5）视图切换按钮

Word 2010 提供了五种不同的文档视图，单击视图切换按钮即可切换到相应的视图模式中，默认情况下为页面视图，如图 3-1-4 所示。

图 3-1-4　视图切换按钮图　　　　图 3-1-5　页面缩放比例

（6）页面缩放比例

页面缩放比例用于调节编辑区内文本的显示比例，用户可以通过点击或拖动缩放按钮来调节编辑区内文本的显示比例，如图 3-1-5 所示。

3．新建文档

新建文档是对文档进行其他操作的基础，在 word 2010 中新建文档可分为两种，即新建空白文档和根据模板新建文档。

启动 word 2010 后，会自动新建一个名为"文档 1"的空白文档。此外，通过以下几种方法也可以新建空白文档：

（1）在功能区中选择"文件"，然后在菜单中选择"新建"，在右边的选项中选择"空白文档"，最后点击窗口右部的"创建"按钮即可新建空白文档，如图 3-1-6 所示。

图 3-1-6　新建空白文档

（2）在快速访问工具栏中点击"新建"按钮，即可创建空白文档。

（3）在 Word 2010 窗口中按下键盘上的"Ctrl＋N"组合键来新建空白文档。

4．保存文档

文档编辑完成必须执行保存命令才能存储在磁盘中，此外，在编辑文档时也应及时保存，以避免因停电或死机造成文档数据丢失。word 2010 提供了多种保存文档的方法，包括对新建文档的保存、已存在文档的另存为以及自动保存功能。

（1）保存新建文档

对于新建文档，word 2010 用"文档 1"、"文档 2"等暂时给文件命名，在保存这类文档时，用户可以重新对文件命名，其具体步骤如下：

① 单击功能区"文件"按钮，在菜单中选择"保存"选项，弹出"另存为"对话框。

② 在对话框中的"文件路径"下拉列表中选择文件需要保存的位置，在"文件名"中输

入文件的名称:"关于召开第三次全国代理商会议通知",在"保存类型"下拉列表中选择保存文件的格式。

③ 设置完成后,单击"保存"按钮即可实现文档的保存。

(2) 保存已存在文档

对于一个已存在的文档,Word 2010 提供了两种保存方法,即保存与另存为。

① 保存。对已存在的文档经过修改后保存在原有位置,单击功能区"文件"按钮,在菜单中选择"保存"即可执行保存命令,Word 2010 将修改后的文档保存到原来的位置,覆盖原有文件,并且不弹出"另存为"对话框。

② 另存为。对已存在的文档经过修改后,如果需要保存在其他路径,单击功能区"文件"按钮,在菜单中选择"另存为",弹出"另存为"对话框,保存方法与保存新建文档方法一致。

(3) 自动保存文档

Word 2010 可以按照某一固定时间间隔自动保存正在编辑的文档,以此达到减少因停电或死机而无法及时保存文档所造成的损失,其操作步骤如下:

① 单击功能区"文件"按钮,在菜单中选择"选项"命令,弹出"Word 选项"对话框,如图 3-1-7 所示。

图 3-1-7　自动保存文档

② 在对话框左侧的选项中选择"保存"选项,然后在对话框右侧的"保存文档"区域中的"将文件保存为此格式"下拉列表中选择文件保存的类型。

③ 选中复选框"保存自动恢复信息时间间隔(A)",并在其后设置保存文件的时间间隔。

④ 在"自动恢复文件位置"文本框中输入保存文件的位置,或者单击"浏览"按钮,在弹出的"修改位置"对话框中设置保存文件的位置。

⑤ 单击"确定"按钮,即可完成文档自动保存的设置,此后每隔用户所设置的时间,Word 便将当前编辑文档自动保存。

5. 关闭文档

对于文档的关闭,word 2010 提供了多种方法。

（1）关闭文档并退出 word 2010 工作环境

编辑完文档后,如需退出 word 2010 工作环境,单击 word 2010 工作环境右上角的关闭按钮,或者单击功能区"文件"按钮,在菜单中选择退出命令即可关闭文档。

（2）关闭文档但不退出 word 2010 工作环境

如果仅关闭文档,并不退出 word 2010 工作环境,只需单击功能区"文件"按钮,在菜单中选择关闭命令即可关闭文档。

6. 打开文档

用户将文档保存在磁盘中,可以将其打开进行浏览或编辑,打开方法有以下几种。

（1）利用"打开"对话框打开文档

使用"打开"对话框打开文档的具体步骤如下:

① 单击功能区中的"文件"按钮,在菜单中选择"打开'命令,即可弹出"打开"对话框。

② 在文件位置下拉列表中选择需要打开的文件路径。

③ 选中需要打开的文件,然后单击"打开"按钮即可。

（2）利用图标快速打开文档

在 Windows 资源管理器中或者在"我的电脑"窗口中找到需要打开的 Word 文件,双击其图标即可打开文档。

7. 文档编辑

文本编辑是 word 2010 的主要功能,在创建或打开一个 word 2010 文档后,可以在其中进行文本编辑,主要包括文本输入、选择、插入、删除、移动、复制、查找和替换等基本操作。

（1）录入文本

在新建的空白文档中输入如下内容:

北京康达医用器械有限公司
关于召开第三次全国代理商会议通知

各代理商:

北京康达医用器械有限公司在北京市召开第三次全国代理商会议。借此机会让各代理商更多地了解本公司的发展,同时展示其即将推向市场的新产品的优势及性能,研究如何扩大产品销售等问题,增加同行业人士的交流机会,促进合作。会议具体通知如下:

会议时间·地点:2011 年 9 月 15～17 日,为期 3 天,北京国际会议中心

参加人员:北京康达医用器械有限公司的主要负责人,全国代理商,新闻媒体

议程安排:

9 月 15 日,正式会议的议程:

本公司主要负责人对现在、未来的总结与展望。

新产品的介绍。

对下一阶段有关销售竞赛的评比。

对相关人员进行表彰。

9 月 16 日,下午组织与会代表参观企,晚上举办一场联欢会

9 月 17 日,游览北京市内的景点

报到的时间及地点:

2016 年 9 月 14 日 18 点前,北京国际会议中心。会议期间本公司将全部负责住宿,用餐等费用。接到本通知后,请妥善回执(见附件),与 9 月 5 日前传真本公司或发送电子邮件到大会负责人。

电话:010—12345678   传真:010—12345678

邮箱:12345678@163.com

北京康达医用器械有限公司(公章)

2016 年 8 月 27 日

(2) 插入日期和时间

在使用 Word 编辑文本过程中,输入日期和时间可以使用普通文本输入方法依次输入,但是容易出错。Word 2010 提供了插入日期和时间的功能,可以快速实现日期和时间的录入。其具体操作步骤如下:

① 选择功能区的"插入"选项卡,单击"文本"组 日期和时间 按钮,弹出"日期和时间"对话框,如图 3-1-8 所示。

② 在"可用格式"中选择相应的格式,在"语言(国家/地区)"栏中选择语言。

③ 点击"确定"按钮即可实现快速插入日期和时间的功能。

④ 在"符号"列表中选择需要输入的字符,然后单击"确定"按钮即可实现插入特殊字符的功能。

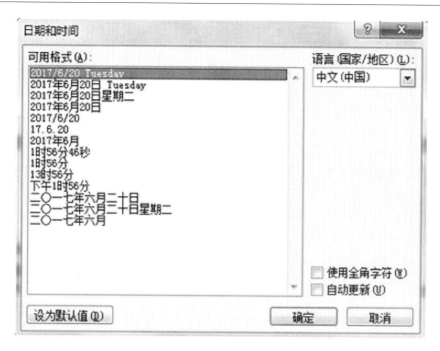

图 3-1-8 "日期和时间"对话框

7. 页面设置

在 word 2010 中创建文档后,已经默认了页面属性,如纸张类型、纸张方向、页边距等。但是制作的文档类型不同,需要的页面属性也不同,在 word 2010 中可以通过功能区页面布局选项卡进行设置。将文档纸张类型设置为:A4 纸、纸张方向为:纵向、页边距:2.5cm。

(1) 利用功能区设置页面

选择功能区"页面布局"选项卡的"页面设置"组可以对文档的页面进行详细设置,具体作用如下:

① "页边距"按钮:用于设置文档的边距大小,单击该按钮弹出页边距下拉列表供用户选择,如图 3-1-9 所示,也可以选择"自定义边距"命令。弹出"页面设置"对话框,在"页边距"选项卡中可以详细设置页边距,如图 3-1-10 所示,在"页边距"区可以设置上、下、左、右四个页边距以及装订线距离与装订线位置是左或上,设置完毕后点击"确定"按钮即可。

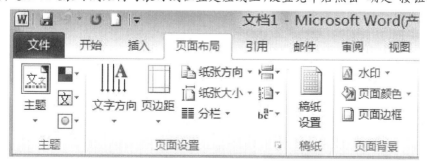

图 3-1-9 "页面布局"选项卡

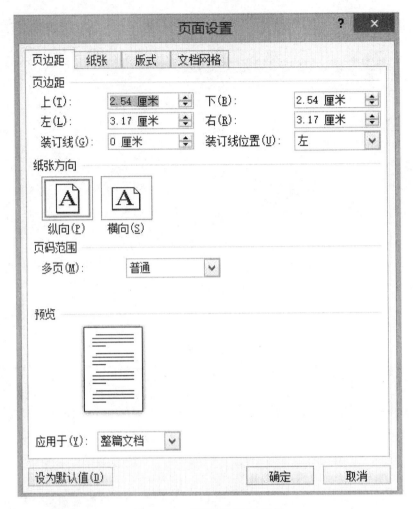

图 3-1-10 "页面设置"对话框

②"纸张方向"按钮:用于设置页面纵向布局或者横向布局,单击该按钮弹出纸张方向下拉列表,可以选择纸张方向横向或纵向,默认为纵向。

③"纸张大小"按钮:用于设置页面大小,单击该按钮弹出下拉列表,用户可以选择纸张大小,默认为 A4 如果在下拉菜单中没有符合条件的选项,则选择"其他页面大小"命令,弹出"页面设置"对话框,在"纸张"选项卡中可以对纸张大小进行详细设置,也可以选择自定义大小,然后在"宽度"和"高度"微调框中设置纸张的宽与高,设置完毕后点击"确定"按钮即可。

④"分隔符"按钮:用于在文档中添加分页符和分节符。单击该按钮弹出分隔符下拉列表,用户可以选择分页符和分节符。

⑤"行号"按钮:用于在文档的每一行旁边的边距处添加行号。单击该按钮弹出行号下拉列表,用户可以选择行号选项。

提示:页边距设置可以微调,也可以直接输入需要的数值。

（2）利用"页面设置"对话框设置页面

Word 2010 除利用功能区对页面设置外，还提供了页面设置对话框。点击功能区"页面布局"选项卡的"页面设置"组右下角的对话框启动按钮如图 3-1-11 所示，打开"页面设置"对话框如图 3-1-10 所示。该对话框包含"页边距"、"纸张"、"版式"和"文档网格"四个选项卡。其中"页边距"选项卡的作用与功能区页面设置组中的"页边距"和"纸张方向"功能相同；"纸张"选项卡与功能区页面设置组中的"纸张大小"功能相同；"版式"选项卡包括页眉页脚设置、行号设置和页边框设置，"文档网格"选项卡包括文字方向、每行字数和每页行数设置。

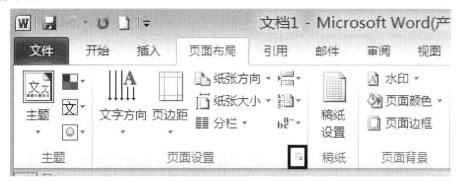

图 3-1-11　"页面设置"对话框启动按钮

9. 文本格式设置

对文档中的字符和段落格式进行设置，不仅可以美化文档，使文档结构清晰、层次分明，而且可以突出文档的主题，便于理解和阅读。

（1）设置标题"北京康达医用器械有限公司"

① 选中标题"北京康达医用器械有限公司"。

② 单击"开始"选项卡，选择"字体"组，单击"字体"框右端下拉箭头 ▼，打开"字体"对话框，选择"宋体"。

③ 单击"字号"框右端下拉箭头 ▼，选择"72"；单击"加粗"按钮，加粗标题；单击"字体颜色"按钮旁的下拉箭头 ▼，设置字体 为标准色"红色"。

④ 单击"段落"组中的"居中"按钮，设置标题居中。

（2）设置副标题"关于召开第三次全国代理商会议通知"

① 选中副标题"关于召开第三次全国代理商会议通知"。

② 设置字体为"宋体"，字号为"小一"，对齐方式为"居中"。

③ 单击"段落"组右下角 打开"段落"设置对话框，段间距设置为段前 0 行，段后 1 行；行间距为"单倍行距"。

（3）设置正文格式

① 选中正文。

② 设置字体为"宋体"，字号为"五号"，对齐方式为"文本左对齐"。

③ 单击"段落"组右下角 打开"段落"设置对话框，段间距设置为段前 0 行，段后 0

行;行间距为"1.5 倍行距";特殊格式为"首行缩进 2 字符"。

④ 选中正文最后两行,设置"右对齐"

> 提示:按下 CTRL,可选择不连续的行。

(4)设置项目符号和编号

① 选中"会议时间·地点、参加人员、议程安排、报到的时间及地点"四行。

② 单击"段落"组中的"编号列表"按钮 ⊞ ▾ 下拉三角,选择相应编号列表。

③ 选中"9 月 15 日、9 月 16 日、9 月 17 日"三行,设置"项目/符号"列表。

④ 选中文中下列四行,单击"段落"组中的"增加缩进量"按钮 ⊞,设置"增加缩进量"。

本公司主要负责人对现在、未来的总结与展望。

新产品的介绍。

对下一阶段有关销售竞赛的评比。

对相关人员进行表彰。

(5) 单位图章设计

① 选择"插入"选项卡中的"形状",绘制插入椭圆,五角星。

② 选中插入的椭圆,在"绘图工具"中选择"形状轮廓"设置颜色为红色,"形状填充"设置为"无填充颜色",大小设置"高、宽"分别设置为 4cm。

③ 选中插入的五角星,在"绘图工具"中选择"形状填充"设置颜色为红色,"形状轮廓"设置为"无轮廓"高、宽 1.5cm。

④ 选择"插入"选项卡中的"艺术字",选择一种艺术字样式,输入"北京康达医用器械有限公司";在"绘图工具"中选择"格式"→"艺术字样式"→"文本填充"设置颜色为红色,"文本轮廓"设置为无,"文本效果"设置为"转换"→"上弯弧","大小"设置高,宽为 5cm。

⑤ 调整到合适的位置。

> 提示:按下 shit 键再绘制圆,可以绘制正圆。

10. 为文档添加水印

选择"页面布局"选项卡中的"水印"→"自定义水印",输入"康达"。

11. 打印预览设置

编辑完文档如需打印,将打印机连接计算机后,word 2010 即可实现打印文档功能。

(1)打印预览

用户可以通过 Word 2010 提供的打印预览功能浏览文档的打印效果,以及对文档的布局和内容作出调整,其具体操作步骤如下:

① 打开需要打印的文档。

② 选择"文件"选项卡,在菜单中选择"打印"选项,即可打开打印窗口,窗口左侧为打印设置选项,在窗口右侧可以查看打印预览效果,如图 3-1-12 所示。

图 3-1-12　打印预览

（2）打印设置

在打印文档之前，根据不同的需要对打印进行设置，如打印的范围、数量等。具体操作步骤如下：

① 打开需要打印的文档。

② 选择"文件"选项卡，在菜单中选择"打印"选项，即可打开打印窗口，窗口左侧设置区可以对打印进行设置，包括打印页码范围、打印纸张方向、纸张类型、边距以及单面打印或双面打印等，用户还可以点击"页面设置"选项，弹出"页面设置"对话框，在该对话框中可以进行详细设置。

③ 设置完后，在"打印"区的"份数"微调框中输入需要打印的数量，然后单击"打印"按钮即可开始打印。

【知识拓展】

1. 选择文本

在对文档编辑之前必须选定需要编辑的文本，在 word 2010 下可以通过鼠标与键盘两种方式进行文本的选择。

（1）利用鼠标选定文本

利用鼠标选择文本较为简单，在 word 2010 下常用的有以下几种选择文本的方式：

① 选择任意文本。将鼠标光标移动至需要选择的文本的起始位置，按下鼠标左键不释放并拖动鼠标至需要选择文本的终止位置，然后释放鼠标左键即可选定文本，选择范围

为起始位置至终止位置之间所有的文本内容，并且选定后的文本以反白显示。

② 选择字或词。将鼠标移动至需要选择的字或词处，然后双击鼠标左键即可选择某个字或词。

③ 选择一行文本。将鼠标光标移动至需要选择行的左侧空白处，当鼠标光标变为箭头形状时单击鼠标左键即可选择当前整行文本。

④ 选择整句文本。将鼠标光标移动至需要选择的句子，按下键盘上的"Ctrl"键，同时按下鼠标左键即可选择整句文本。

⑤ 选择整个段落。将鼠标光标移动至需要选择的段落处，然后三击鼠标左键，或者将鼠标移至需要选择段落的左侧空白处，当鼠标光标变为箭头形状时双击鼠标左键即可选择整个段落文本。

（2）利用键盘选定文本

在某些情况下，使用键盘选定文本也比较方便，例如，按下"Ctrl ＋ A"组合键即可选定整个文档，详细方法如表 3-1-1 所示。

表 3-1-1　键盘选定文本

组 合 键	操　　作
Shift＋↑	选择当前光标处至上一行文本
Shif＋↓	选择当前光标处至下一行文本
Shift＋→	选择当前光标处左方的文本
Shift＋←	选择当前光标处右方的文本
Shift＋Home	选择当前光标处至行首处的文本
Shift＋End	选择当前光标处至行末处的文本
Ctrl＋A	选择整个文档

2. 移动、复制与删除文本

移动、复制与删除文本是在文本编辑过程中经常用到的操作。

（1）移动文本

移动文本是指将文档的部分文本内容移动到文档的另一位置处，通过移动文本可以调整文本之间的顺序，其方法有如下几种：

① 使用鼠标拖动：选择需要移动的文本，按下鼠标左键不释放并移动鼠标，此时会有一条虚线显示插入点位置并随鼠标移动，将鼠标移动到需要移动的位置并释放鼠标左键，被选定的文本即移动至新的位置。

② 使用功能区：选定需要移动的文本，然后选择功能区"开始"选项卡，单击剪贴板中的剪切按钮，选定的文本将会在原位置消失，暂时存放在剪贴板中，然后移动插入点至文本需要移动的位置处，再单击粘贴按钮，此时文本将出现在新的位置处。粘贴文本后，在文本右下角会出现一个"粘贴选项"按钮，单击该按钮可弹出"粘贴选项"菜单，如图 3-1-13 所示。菜单中可选择粘贴文本需要采用的格式，从左至右依次为保留源格式、合并格式、只保留文本。

③ 使用右键菜单:选定需要移动的文本,然后单击鼠标右键弹出右键菜单,如图 3-1-14 所示。

图 3-1-13　粘贴菜单　　　　　图 3-1-14　剪切菜单

选择"剪切"命令,选定的文本将会在原位置消失,移动插入点至文本需要移动的位置处,再单击鼠标右键,在弹出菜单中选择"粘贴"命令,此时文本将出现在新的位置处。粘贴文本后,在文本右下角同样会出现"粘贴选项"按钮供用户选择粘贴选项。

④ 使用组合键:选定需要移动的文本,然后按下键盘上的"Ctrl＋X"组合键,此时,选定的文本将会在原位置消失,暂时存放在剪贴板中,然后移动插入点至文本需要移动的位置处,再按下键盘上的"Ctrl＋V"组合键,此时,文本将出现在新的位置处。粘贴文本后,在文本右下角同样会出现"粘贴选项"按钮供用户选择粘贴选项。

(2) 复制文本

复制文本是指将已有的文本复制一份到指定的位置,其方法与移动文本相似,有以下四种:

① 使用鼠标复制:选择需要复制的文本,按下鼠标左键不释放,同时按下键盘上的"Ctrl"键,然后移动鼠标至目标位置处并释放鼠标左键与"Ctrl"键,被选定的文本将被复制至目标位置处。

② 使用功能区:选定需要复制的文本,然后选择功能区"开始"选项卡,单击剪贴板中的复制按钮,选定的文本将会暂时存放在剪贴板中,然后移动插入点至文本需要复制的位置处,单击"粘贴"按钮,文本将被复制至目标位置处。此时,在文本右下角会出现"粘贴选项"按钮供用户选择粘贴选项。

③ 使用右键菜单:选定需要复制的文本,然后单击鼠标右键弹出右键菜单,选择"复制"命令,选定的文本将会暂时存放在剪贴板中,移动插入点至文本需要移动的位置处,再单击鼠标右键,在弹出菜单中选择"粘贴"命令,文本将被复制至目标位置处。粘贴文本后,在文本右下角同样会出现"粘贴选项"按钮供用户选择粘贴选项。

④ 使用组合键：选定需要复制的文本，然后按下键盘上的"Ctrl ＋ C"组合键，选定的文本将会暂时存放在剪贴板中，然后移动插入点至文本需要移动的位置处，再按下键盘上的"Ctrl＋V"组合键，文本将被复制至目标位置处。粘贴文本后，在文本右下角同样会出现"粘贴选项"按钮供用户选择粘贴选项。

（3）删除文本

删除文本是指删除已有的文本，其操作步骤为：首先选定需要删除的文本内容，然后按下键盘上的"Delete"键或"Backspace"键即可实现删除选定文本的功能。

3．查找替换文本

当我们在用 word 来编辑文档时，时常要用到查找和替换这两个非常实用且重要的功能，因为有时候我们需要指明替换文档中的内容，甚至文章的格式也会经常要用到这两个工具。今天我就来介绍一下查找和替换的基本用法。

（1）查找文本

查找文本是指根据用户指定的文本内容，在当前文档中找到相同的文本并选定，其具体操作步骤如下：

① 在功能区选择"开始"选项卡，在编辑区中单击"查找"按钮，在弹出的下拉菜单中选择"高级查找"即可弹出"查找和替换"对话框，如图 3-1-15 所示。

图 3-1-15　查找和替换

② 在"查找内容"下拉列表中输入需要查找的文本内容，单击"查找下一处"按钮，Word 将自动查找指定的文本内容，并以反白显示。

③ 若继续点击"查找下一处"按钮，Word 2010 将会逐一查找相同的文本内容，直至文档末尾。

查找完毕后，系统将弹出提示框，提示用户已经完成对文档的查找，如图 3-1-16 所示。

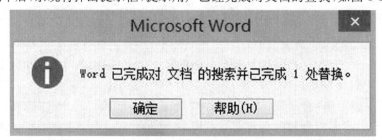

图 3-1-16　替换完成提示框

（2）替换文本

替换文本是指先查找需要替换的文本内容,然后根据用户指定的要求替换原有文本内容,其具体操作步骤如下:

① 在功能区选择"开始"选项卡,在编辑区单击"替换"按钮弹出"查找和替换"对话框,此时默认打开"替换"选项卡,如图 3-1-17 所示。

图 3-1-17　查找和替换

② 在"查找内容"下拉列表中输入查找的文本内容,在"替换为"下拉列表中输入需要替换的内容,单击"替换为"按钮,即可将文档中的文本内容进行替换。

③ 单击"全部替换"按钮,可实现一次性替换文档中需要替换的全部文本内容。

④ 单击替换对话框中的"更多"按钮,将打开高级查找形式,如图 3-1-18 所示,在此处可以对要查找的文本的格式以及大小写等进行设置。

图 3-1-18　"更多"格式设置

4. 字体设置

（1）利用浮动工具栏设置字符格式

在 word 2010 文档中输入的文本，其显示都为默认状态下的字符格式。为了方便用户设置字符格式，word 2010 提供了浮动工具栏对字体进行快捷设置。当用户选择一段文本后，浮动工具栏会自动出现，开始显示时为半透明状态，用鼠标接近可使其正常显示，如图 3-1-19 所示。

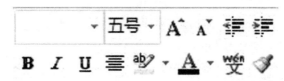

图 3-1-19　浮动工具栏

浮动工具栏中各字符格式工具按钮功能如下：

①"字体"下拉列表，Word 2010 默认的中文字体为宋体，字体下拉列表可以改变文字的外观，单击下拉列表，在弹出的列表框中选择字体样式。

②"字号"下拉列表：用于改变文字的大小，单击下拉列表，在弹出的列表框中选择字体的大小。

③"增大字体"按钮：Word 2010 默认的文字字体为五号字，单击该按钮可以增大字体的大小。

④"缩小字体"按钮：用于减小字体的大小。

⑤"字体加粗"按钮：用于对选中的文本内容进行字体加粗效果设置。

⑥"字体倾斜"按钮：用于对选中的文本内容进行字体向右倾斜效果设置。

⑦"字体下划线"按钮：用于对选中的字符添加下划线，再次点击可取消下划线。

⑧字体颜色"按钮：用于改变字符的颜色，单击按钮右方的下拉按钮可弹出颜色设置面板对颜色进行选择，如图 3-1-20 所示。

⑨"突出显示"按钮右侧下三角 ：用于设置字符的背景色，可以达到突出显示文本的效果，如图 3-1-21 所示。

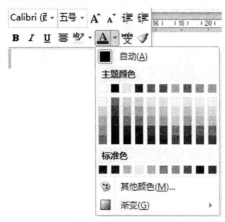

图 3-1-20　设置文本颜色

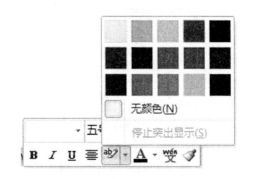

图 3-1-21　突出显示文本

（2）利用"字体"对话框设置字符格式

除浮动工具栏、功能区"开始"选项卡中的"字体"组外，Word 2010 还提供了"字体"对话框可以对字符格式进行详细设置，如图 3-1-22 所示。单击功能区"开始"选项卡"字体"组右下角的对话框启动按钮即可打开"字体"对话框。该对话框包含"字体"和"高级"两个选项卡，其中"字体"选项卡的作用与功能区"开始"选项卡的字体组功能相同；"高级"选项卡中包括缩放、间距及位置等选项，可用于设置选定文本的字符间距、缩放比例和位置。

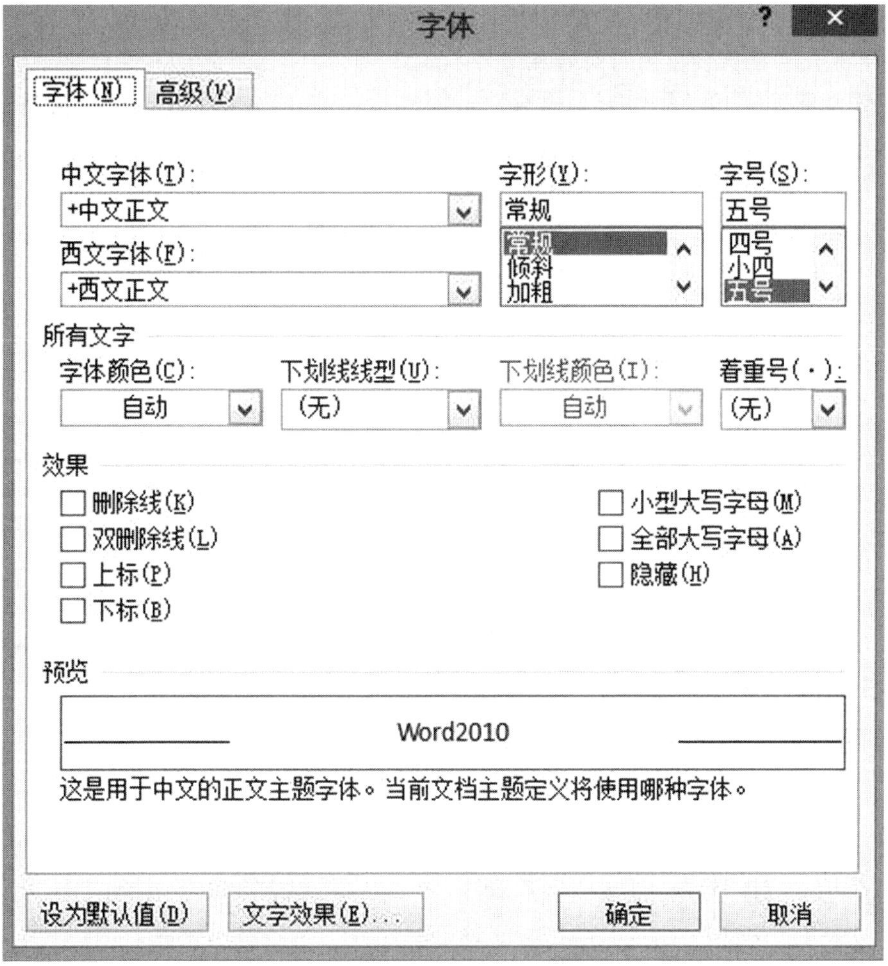

图 3-1-22　"字体"设置对话框

（3）利用"格式刷"按钮设置字符格式

利用功能区"开始"选项卡"剪贴板"组中的格式按钮可将某文本的格式复制到其他文本中，提高工作效率。其操作步骤如下：

① 选定作为模板格式的文本，或将插入点定位在该文本中。

② 单击"格式刷"按钮。

③ 移动鼠标光标至需要应用格式的文本处，此时鼠标变为格式刷的形状，按下鼠标左键不释放，拖动鼠标至文本末尾处，释放鼠标左键即可实现格式复制的功能。

如果需要多次复制，双击"格式刷"按钮，然后重复执行步骤③，复制完毕后，单击"格式刷"按钮即可结束格式复制。

5. 项目符号和编号设置

word 2010 提供了添加项目符号与编号的功能，使文档更加条理清晰、层次分明。在添加项目符号与编号时，可以先输入内容，再给文本加入项目符号或编号；也可以先添加项目符号或编号，再输入文本内容，这样可以自动编号，不必手动编号。在 word 2010 中添加项目符号和编号可以通过功能区的"段落"组或右键菜单进行设置。

（2）利用功能区设置项目符号和编号

应用功能区"段落"组的"项目符号"按钮与"编号"按钮来添加项目符号与编号，其具体操作步骤如下：

① 选中需要设置项目符号或编号的文本。

② 单击"项目符号"或"编号"按钮即可，默认情况下项目符号为实心圆，编号为数字。

③ 单击项目符号或编号右侧的下拉按钮可以进行样式的选择，如图 3-1-23 和图 3-1-24 所示。

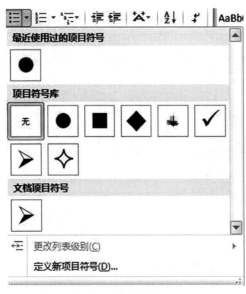

图 3-1-23 项目符合列表

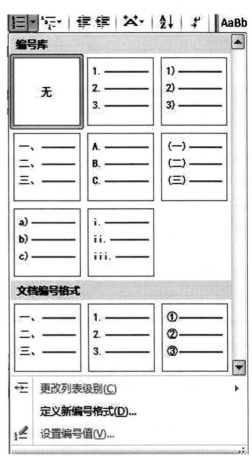

图 3-1-24 项目编号列表

④ 在弹出的样式菜单中选择定义新项目符号或定义新编号格式，分别弹出"定义新项目符号"与"定义新编号格式"对话框，可实现自定义项目符号和编号的功能。

（2）利用右键菜单设置项目符号和编号

Word 2010 提供了右键菜单功能可以快速设置项目符号或编号，其具体操作步骤如下：

① 选定需要添加项目符号或编号的文本。

② 单击鼠标右键，弹出右键菜单，选择"项目符号"或"编号"命令，弹出二级菜单分别为项目符号样式与编号样式，如图 3-1-23 和图 3-1-24 所示。

③ 与功能区设置相同，选择某个样式即可实现添加项目符号或编号功能。

（3）插入特殊符号

在文本编辑时常用的符号可以使用键盘输入，当需要输入特殊的文字和符号，如 ♪♫☺♠ 时，这些都是键盘无法输入的。在这种情况下，可以使用 Word 2010 提供的插入符号功能进行输入。其具体操作步骤如下：

① 将光标定位在需要插入符号的位置。

② 在功能区选择"插入"选项卡，单击"符号"组的"符号"按钮，在弹出的选择列表中选择"其他符号"，弹出"符号"对话框，如图 3-1-25 所示。

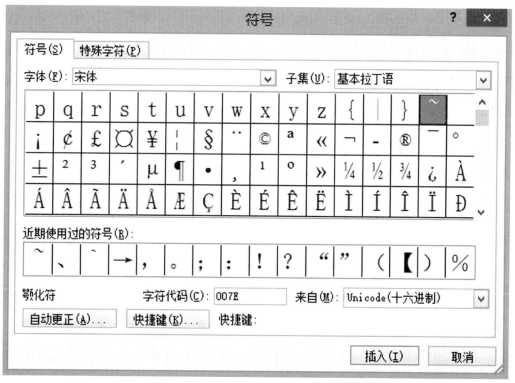

图 3-1-25　"符号"对话框

任务 3.2　生日贺卡制作

【任务解析】

本任务是使用 Word 2010 文本处理软件来制作一份生日贺卡文件,如图 5-2-1 所示。通过此任务的学习,首先认识页面设置、页面背景的设置,并进一步掌握创建、保存 Word 文档的方法,掌握形状、艺术字、图片、文本框、剪贴画的插入和设置。

图 3-2-1　生日贺卡

【知识要点】

- ☞ 页面设置
- ☞ 页面背景
- ☞ 形状的插入和设置
- ☞ 艺术字的插入和设置
- ☞ 图片的插入和设置
- ☞ 文本框的插入和设置
- ☞ 剪贴画的插入和设置

【任务实施】

1. 新建、保存文档。启动 Word 2010,创建一个名为"文档 1"的空白文档,保存文档为"生日贺卡.docx"。

2．页面设置

（1）选择"页面布局"选项卡中的"页面设置"。

（2）选择"页边距"→"自定义边距"中上、下、左、右边距均设置为 1cm。

（3）"纸张大小"选择"A4　21cm×29.7cm"。

（4）"纸张方向"设置为横向。

3．页面背景

（1）选择"页面布局"选项卡中的"页面背景"。

（2）选择"页面颜色"→"填充效果"→"渐变"→"双色"，"颜色 1"设置"橙色，强调文字颜色 6，淡色 80％"，"颜色 2"→"橙色，强调文字颜色 6，淡色 40％"，"底纹样式"为中心辐射。如图 3-2-2 所示。

（3）选择"页面边框"→"宽度"8 磅，"艺术型"心型。应用于"整篇文档"。如图 3-2-3 所示。

> 提示：Word2010 中每一个预设的颜色都有一个颜色名称，光标移到某个颜色上稍后会显示颜色的名称。

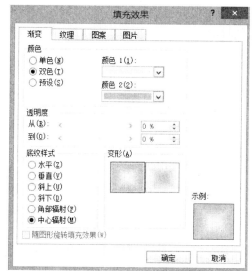

图 3-2-2　页面背景

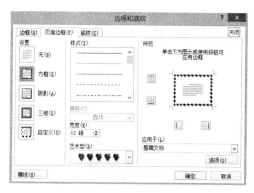

图 3-2-3　页面边框

4．插入艺术字

（1）插入"生日快乐"艺术字。选择"插入"→"文本"→"艺术字"，选择一种艺术字样式，输入"生日快乐"。

① 选择插入的"生日快乐"艺术字，如图 3-2-4 所示，设置文字环绕方式为"浮于文字上方"。

② 选择"绘图工具"→"格式"中选择"形状样式"组中"形状轮廓"设置为红色；"形状填充"设置为"渐变"→"其他渐变"→"渐变填充"，类型设置为"射线"，方向为"从右下角"，

"渐变光圈"的左渐变光圈设置为黄色,右渐变光圈设置为红色,如图 3-2-5 所示。

③ 在"绘图工具"→"格式"中选择"插入形状"组中"编辑形状"→"更改形状",选择流程图:资料带。

④ 在"绘图工具"→"格式"中选择"艺术字样式"组,"文本填充"设置为红色,"文本轮廓"设置为"无轮廓"。

⑤ 在"开始"选项卡中设置字体为"华文彩云",加粗,48 号字;单选"乐"字,设置为 72 号字。

⑥ 加上形状图形(资料带)的高度和宽度。

> 提示:渐变光圈颜色滑块能设置渐变颜色,在"渐变光圈"滑动标尺中分别设置起始颜色滑块和末尾颜色滑块,并且还可以通过单击"添加渐变光圈"和"删除渐变光圈"按钮在滑动标尺上添加或删除颜色滑块。

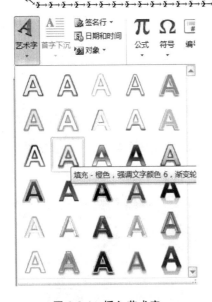

图 3-2-4　插入艺术字

图 3-2-5　设置艺术字形状样式

(2) 插入"15 岁的天空是五彩斑斓的"艺术字。

① 选择插入的"15 岁的天空是五彩斑斓的"艺术字。

② 选择"绘图工具"→"格式"中选择"形状样式"组中"形状轮廓"设置为无轮廓;"形状填充"设置为无填充颜色,设置文字环绕方式为"浮于文字上方"。

③ 在"绘图工具"→"格式"中选择"艺术字样式"组,"文本填充"设置为"渐变"→"其他渐变"→"渐变填充"→"预设颜色"设置为"彩虹出岫 II","文本轮廓"设置为无轮廓,如图 3-2-6 所示。

④ 选中艺术字边框旋转控制柄,逆时针旋转到合适角度,如图 3-2-7 所示。

⑤ 选中边框控制柄,调整边框大小,艺术字大小自动调整。

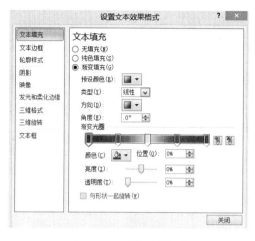

图 3-2-6　"彩虹出岫 II"

图 3-2-7　旋转控制柄

（3）插入"Happy Birthday"艺术字。

① 选中插入的"Happy Birthday"艺术字，分为两行。字体设置为"Brush Script"，加粗，设置文字环绕方式为"浮于文字上方"。

② 在"绘图工具"→"格式"中选择"形状样式"组中"形状轮廓"设置为"无轮廓"；"形状填充"设置为"无填充颜色"。

③ 在"绘图工具"→"格式"中选择"艺术字样式"组，"文本填充"设置为"橙色强调文字颜色 6，深色 25％"，"文本轮廓"设置为无。

④ 选中艺术字边框旋转控制柄，逆时针旋转到合适角度。

⑤ 选中边框控制柄，调整边框大小，艺术字大小自动调整。

提示：艺术字格式中有两个样式，"形状样式"设置形状的轮廓与填充，"艺术字样式"设置艺术字形状的轮廓与填充。

5. 插入图片

（1）插入玫瑰图片。选择"插入"选项卡中的"图片"，在打开的窗口中选择需要的图片文件，单击"插入"按钮，即可插入图片。

① 设置图片文字环绕方式。选中插入的图片，在"图片工具"→"格式"中选择"排列"组，"自动换行"设置为"浮于文字上方"，移动调整图片位置。

② 设置图片透明。在"图片工具"→"格式"中选择"调整"组中的"颜色"→"设置透明色"，鼠标变为"笔状"，选择图片中需要透明部分，将图片设置为透明，如图 3-2-8 所示。

③ 复制一张图片。选中玫瑰图片，按下 Ctrl 键同时按下鼠标左键拖动鼠标，复制一张图片。

④ 将复制的图片水平翻转。选中图片，在"图片工具"→"格式"中选择"排列"组，"旋转"设置为"水平翻转"，移动调整图片位置。

⑤ 同样方法插入蛋糕，蜡烛图片。

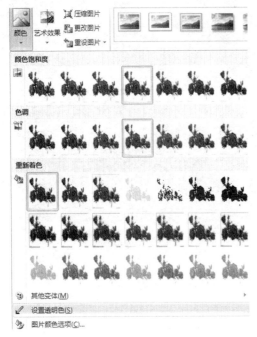

图 3-2-8　设置透明色

图 3-2-9　形状发光

6. 插入形状。

（1）插入心型

① 选择"插入"选项卡中的"形状"，绘制插入心形。

② 选中插入的心形，在"绘图工具"中选择"形状轮廓"设置颜色为红色。

③ 选中插入的心形，在"绘图工具"中选择"形状填充"设置颜色为无填充颜色。

（2）插入圆形

① 选择"插入"选项卡中的"形状"，绘制插入圆形。

② 设置圆形白色填充，发光。选中插入的圆形，在"绘图工具"中选择"形状轮廓"设置颜色为无，"形状填充"设置颜色为白色；选中"形状效果"→"发光"→"发光选项"→"发光和柔化边缘"，颜色设置为白色，大小为 15 磅，透明为 50％；复制白色圆形，调整大小，放置在心形上，如图 3-2-9 所示。

③ 同样方法制作黄色圆形，十字星。

7. 插入文本框

（1）选择"插入"选项卡"文本"→"文本框"，选择"绘制竖排文本框"。

（2）输入文字，设置字体"华文行楷"，二号字，字体颜色为红色，行间距为 1.5 倍。

（3）选中文本框，在"绘图工具"中选择"形状轮廓"设置颜色为无，"形状填充"设置颜色为白色。

8. 保存文档，打印预览。

【知识拓展】

在 word 2010 中，用户可以插入各种图形、表格、数据等，实现图文混排的效果。其中图形包括绘制图形、图片文件、艺术字等。

1. 图形绘制

在 word 2010 中，可以绘制各种形状到文档中，如直线、矩形、圆形等，还可以利用形状的属性设置来制作更加美观的效果。

（1）绘制图形

word 2010 提供了一套基本图形，可以在文档中直接使用，并且可以通过合并、编辑实现特殊效果，其具体操作步骤如下：

① 选择功能区"插入"选项卡中的"插图"组，单击"形状"按钮，弹出形状下拉列表，如图 3-2-10 所示。

② 选择合适的图形后，将鼠标光标定位在需要绘制图形的位置，按下鼠标左键不释放，然后拖动鼠标，此时所选图形会出现在文档中，图形调至合适大小时释放鼠标左键即可。

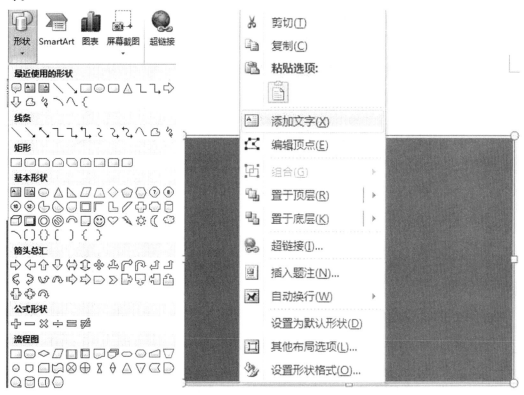

图 3-2-10　插入形状　　　　　　　图 3-2-11　形状添加文字

（2）设置图形

在文档中绘制完图形后，还可以对图形的样式进行调整，包括颜色、大小以及三维效果等，以使其符合用户的要求。

① 添加文字。选择需要添加文字的图形，单击鼠标右键，在快捷菜单中选择"添加文字"即可输入文字。图 3-2-11 为在矩形内添加文字。

② 样式设置。选中需要设置样式的图形，单击功能区"格式"选项卡"形状样式"组中

的下拉按钮,弹出形状样式下拉列表,如图 3-2-12 所示,选中合适的样式后单击鼠标左键完成样式设置;设置完毕后,也可对样式修改,单击"形状填充"按钮,弹出图形填充色下拉列表,选择合适的颜色后,即可改变图形的颜色;单击"形状轮廓"按钮,弹出图形轮廓颜色下拉列表,选择适合的颜色以及轮廓线的粗细、线性后,即可改变轮廓颜色和形状;单击"形状效果"按钮,弹出形状效果下拉列表,如图 3-2-13 所示,选择适合的形状效果后单击鼠标左键即可改变图形的形状效果。

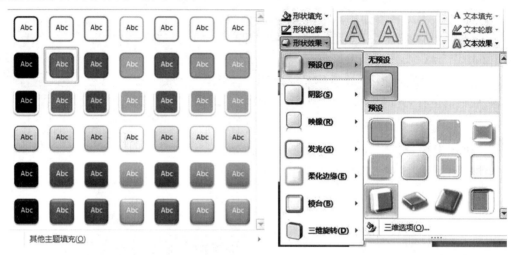

图 3-2-12　形状样式　　　　　　　　　　　　图 3-2-13　形状效果

改变图形格式除使用功能区外,还可以使用"设置形状格式"对话框。选中需要改变格式的图形,单击鼠标右键,在弹出的右键菜单中选择"设置形状格式"选项后弹出"设置形状格式"对话框,如图 3-2-14 所示。该对话框的左侧为格式选项,右侧为相应选项的属性设置。

图 3-2-14　"设置形状格式"对话框

2. 艺术字的制作

所谓艺术字是指对文字进行艺术处理,使之产生一种特殊的效果。在 word 2010 中,艺术字被视为一种图形,而不是文字。使用艺术字可以美化文档,提高文档的可读性和观赏性。

(1)插入艺术字

在 Word 2010 中插入艺术字的方法如下:

① 将插入点定位在需要插入艺术字的位置。

② 单击功能区"插入"选项卡"文本"组中的"艺术字"按钮,弹出艺术字下拉列表。

③ 在列表中选择合适的样式后单击鼠标左键,弹出"编辑艺术字文字"对话框,如图3-2-15 所示,输入相应的文字,并在浮动工具栏中设置字体、字号。

④ 设置完毕后单击"确定"按钮即可插入艺术字。

图 3-2-15　设置艺术字字体、字号

(2)编辑艺术字

插入艺术字后,用户可以根据需要对已插入的艺术字进行修改,其具体操作步骤如下:

① 选中需要编辑的艺术字。

② 单击功能区"开始"选项卡"字体"组中的"字体"按钮,设置字体。

③ 在"艺术字样式"组中单击下拉按钮,弹出艺术字样式下拉列表,选择适合的样式即可修改艺术字的样式。

④ 单击"形状填充"按钮,弹出填充色下拉列表,选择适合的颜色后,即可改变艺术字的颜色;单击"形状轮廓"按钮,弹出艺术字轮廓颜色下拉列表,选择适合的颜色以及轮廓线的粗细、线性后,即可改变轮廓颜色和形状。

⑤ 单击"文字效果"按钮,选择"转换"弹出艺术字形状下拉列表,如图 3-2-16 所示,选择适合的形状后即可改变艺术字的形状。

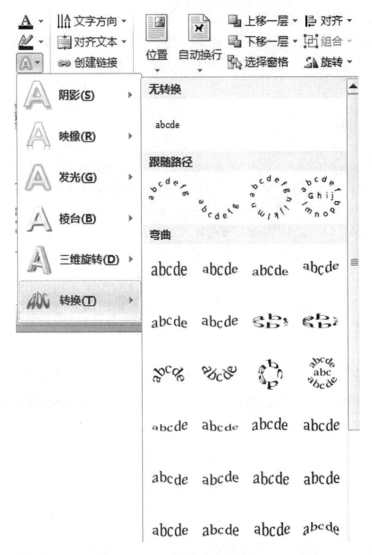

图 3-2-16　更改艺术字形状

⑥ 在"阴影效果"组中,单击"阴影效果"按钮,弹出阴影效果下拉列表,选择合适的效果即可实现艺术字的阴影效果。

⑦ 在"三维效果",组中单击"三维效果"按钮,弹出三维效果下拉列表,选择适合的三维效果即可实现对艺术字添加三维效果。

3. 插入图片和剪贴画

在 word 2010 中,用户可以在文档中插入本地磁盘或网络驱动器上保存的图片,从而使文档内容丰富、形象生动,更加直观。

(1)插入图片

在文档中插入图片的具体操作步骤如下:

① 将插入点定位在需要插入图片的位置。

② 单击功能区"插入"选项卡"插图"组中的"图片"按钮,弹出"插入图片"对话框,如

图 3-2-17 所示。

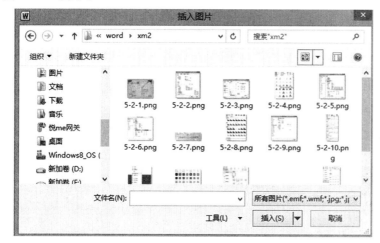

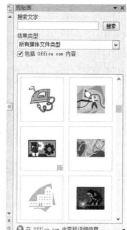

图 3-2-17　插入图片　　　　　　　图 3-2-18　插入剪贴画

③ 选择适合的图片文件后,单击"插入"按钮即可在文档中插入图片。

（2）插入剪贴画

Word 2010 提供了大量的剪贴画,用户可根据需要选择插入文档中,具体操作步骤如下：

① 将插入点定位在需要插入图片的位置。

② 单击功能区"插入"选项卡"插图"组中的"剪贴画"按钮,打开"剪贴画"窗口,如图 3-2-18 所示。

③ 在"搜索文字"文本框中输入需要搜索的相关主题或类别,在"结果类型"下拉列表中选择相应的类型,单击"搜索"按钮,即可在窗口内显示符合条件的剪贴画。

④ 选择需要插入的剪贴画,单击鼠标左键即可插入到文档中。

（3）设置图片和剪贴画

在文档中插入图片和剪贴画后,可根据需要对其大小、版式等进行调整,使其能符合用户的要求。图片与剪贴画的设置方法相同,包括调整、样式设置、裁剪等,下面以图片为例介绍其设置方法。

① 调整图片。调整图片包括对图片的亮度、对比度以及颜色模式进行调整。首先选中需要调整的图片,单击功能区"格式"选项卡"调整"组的"更正"按钮,弹出的下拉列表选择"图片更正选项",打开设置图片格式如图 3-2-20 所示,其中包括调整图片亮度、对比度以及锐化和柔化效果,选择合适的效果单击鼠标左键即可;单击"颜色"按钮,如图 3-2-19 所示,弹出调整图片颜色下拉列表,其中包括图片颜色饱和度、色调以及重新着色,选择合适的效果单击鼠标左键即可;单击"艺术效果"按钮,如图 3-2-19 所示,弹出艺术效果下拉列表,选择合适的效果单击鼠标左键即可。

Word 2010 中,除可以在功能区中调整图片外,还可以通过设置图片格式对话框进行调整。首先选中需要调整的图片,单击鼠标右键,在弹出的菜单中选择"设置图片格式"选项即可打开"设置图片格式"对话框,如图 3-2-20 所示。在该对话框中,左侧一栏中选择对图片设置的选项,右边即该选项的各属性值设置。

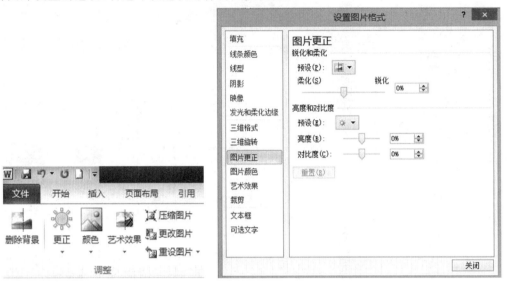

图 3-2-19　调整图片　　　　　　　　图 3-2-20　"设置图片格式"对话框

② 应用图片样式。Word 2010 提供了大量的图片样式,从而可以快速更改图片的外观。首先选中需要应用样式的图片;单击功能区"格式"选项卡"图片样式"组的下拉按钮,弹出图片样式下拉列表,选择适合的样式后单击鼠标左键即可。单击"图片边框"按钮,弹出图片边框下拉列表,如图 3-2-22 所示,可以设置图片的边框颜色、粗细以及边框线类型。单击"图片效果"按钮,弹出图片效果下拉列表,其中包括阴影、映像、发光等效果,选择适合的效果后单击鼠标左键即可。单击"图片版式"按钮,如图 3-2-22 所示,弹出图片版式下拉列表,选择适合的版式后单击鼠标左键即可完成图片版式的设置。

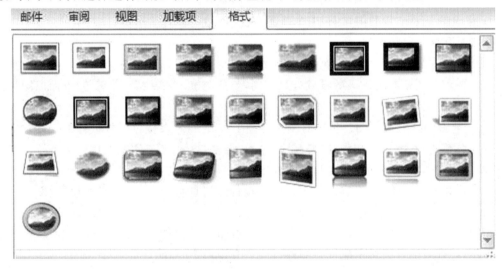

图 3-2-21　图片样式

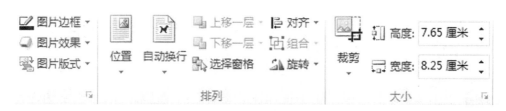

图 3-2-22　图片边框、效果、板式、图片大小

③ 调整图片大小与图片旋转。选中要调整大小的图片,此时图片周围会出现八个点,将鼠标光标移动到某个点上后,鼠标的光标会变成双向箭头形状,按下鼠标左键不释放并拖动鼠标,即可调整图片大小;选中图片后,图片正上方会出现一个点,将鼠标光标移动到该点后,鼠标的光标会变成回旋箭头形状,按下鼠标左键不释放并拖动鼠标,即可旋转图片,如图 3-2-23。

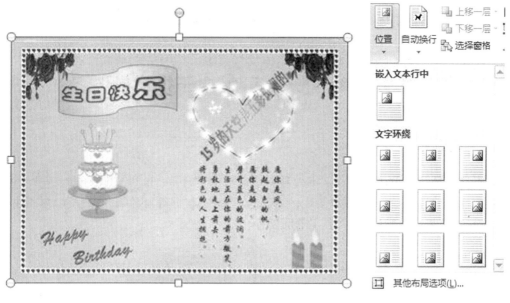

图 3-2-23　旋转图片　　　　　　　　　**图 3-2-24　"位置"**

④ 排列图片。当文档中既有文字又有图片时,应根据需要对图片和文字进行排列。选中需要排列的图片,单击功能区"格式"选项卡"排列"组的"位置"按钮,弹出位置下拉列表,如图 3-2-24 所示,选中合适的选项即可改变图片在文档中的位置。单击自动换行按钮,弹出自动换行下拉列表,如图 3-2-25 所示,选择合适的选项即可设置图片和文字的排列方式。

⑤ 裁剪图片。在 Word 2010 中,用户可以对图片进行裁剪操作。首先选中需要裁剪的图片,单击功能区"格式"选项卡"大小"组的"裁剪"按钮,在下拉菜单中选择"裁剪"选项,此时图片会变成裁剪状态,如图 3-2-26 所示,将鼠标光标移动至图片的控制点上,按下鼠标左键不释放并拖动鼠标,即可对图片进行裁剪。

图 3-2-25　自动换行　　　　　　　　　图 3-2-26　裁剪图片

任务 3.3　"快乐运动"电子报刊制作

【任务解析】

本任务是使用 Word 2010 文本处理软件来制作一份电子报刊文件,如图 3-3-1 所示。通过此任务的学习,进一步熟悉图片、形状、艺术字、文本框等对象属性的设置,掌握文字分栏设置、页眉和页脚的设置、首字下沉设置、空白页的插入。

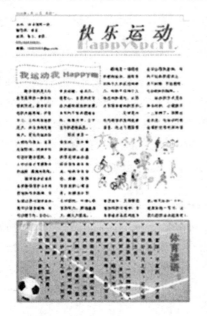

图 3-3-1　电子报刊效果图

【知识要点】

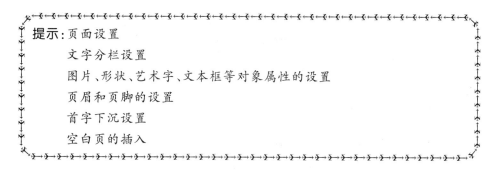

提示:页面设置
　　　文字分栏设置
　　　图片、形状、艺术字、文本框等对象属性的设置
　　　页眉和页脚的设置
　　　首字下沉设置
　　　空白页的插入

【任务实施】

1. 新建、保存文档。启动 Word2010,创建一个名为"文档 1"的空白文档,保存文档为"快乐运动. docx"。

2. 页面设置

(1) 选择"页面布局"选项卡中的"页面设置"。

(2) "页边距"→"自定义边距"中上、下、左、右边距均设置为 2.5cm。

(3) "纸张大小"选择"A4 21cm×29.7cm","纸张方向"设置为纵向。

3. 插入空白页

文档有多页,需要插入空白页。

选择"插入"选项卡"页"组中的"空白页",即可插入空白页。

4. 设置页眉

(1) 双击文档顶部页眉处,进入页眉编辑状态。

(2) 选择"插入"选项卡"文本"组中的"日期和时间",选择"2017 年 5 月 15 日星期一",即可插入日期,选择"自动更新"日期会随日期变化自动更新。

5. 编辑第一页文档

(1) 编辑电子报刊报头

① 输入主办信息,字体为"宋体"、加粗。

② 插入艺术字"快乐运动",字体为"宋体"、加粗、斜体;艺术字"文本填充"依次设为橙色、浅蓝、红色、蓝色;艺术字"文本轮廓"为无;"文本效果"→"三维旋转"→"透视"设置为"左透视"。

③ 插入艺术字"HappySport",字体为"Broadway"、加粗;艺术字颜色依次设为"橙色、浅蓝、红色、蓝色"。

④ 插入直线,在"绘图工具"中选择"形状轮廓"设置颜色为"浅蓝"、粗细设置为 3 磅,线型设置为"圆点"。效果如图 3-3-2 所示。

2016年4月 11日 星期一

主办：16计算机一班
辅导员：李玉
成员：张三、李四
QQ:111111111
邮箱：11111111@qq.com

快 乐 运 动
HappySport

图 3-3-2　报头

（2）编辑输入下段文字并设置

跑步锻炼是人们最常采用的一种身体锻炼方式。跑步可以活跃大脑思维，舒缓学习、工作和生活的压力，并让身体充满活力。无论在运动场上或在马路上，甚至在田野间、树林中均可进行跑步锻炼。各人可以自己掌握跑步的速度、距离和路线。

篮球运动必须具备勇敢顽强的斗志和团结协作的精神。学生通过参与篮球运动，既可以强身健体，也可以使个性、自信心、审美情趣、意志力、进取心、自我约束等能力都有很好的发展，也有利于培养团结合作、尊重对手、公平竞争的道德品质。

羽毛球是一项室内，室外兼顾的运动。适量的羽毛球运动能促进学生增长身高，培养学生自信、勇敢、果断等优良的心理素质。长期进行羽毛球锻炼，可使心跳强而有力，肺活量加大，耐久力提高。

跳绳是一项极佳的健体运动，能有效训练个人的反应和耐力，有助于保持个人体态与协调性，从而达到强身健体的目的。

足球是对抗性很强的集体竞赛项目，在这个既需要激烈竞争，又需要团结协作的环境中，学生的意志品质和竞争意识会得到磨练，有利于培养积极向上、勇于拼搏、不怕困难、吃苦耐劳的精神。

运动的方式是多种多样的，这里就不一一举例了。需要注意的是，在运动时要合理的安排时间与强度。每天运动一小时，健康生活一辈子，让我们赶快运动起来吧！

① 选中文本。设置字体"宋体"，字号为"五号"。

② 单击"段落"组右下角 打开"段落"设置对话框，行间距设置为"固定值"，设置值为 20 磅；"缩进"→"特殊格式"设置为"首行缩进"，设置为 2 字符，如图 3-3-3 所示。

③ 设置分栏。选择"页面布局"选项卡"页面设置"组中的"分栏"下的下拉三角，再选"更多分栏"，"栏数"设置为 4，如图 3-3-4 所示。

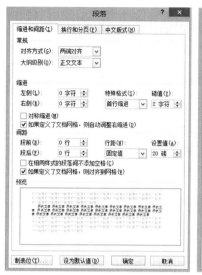

图 3-3-3　段落设置

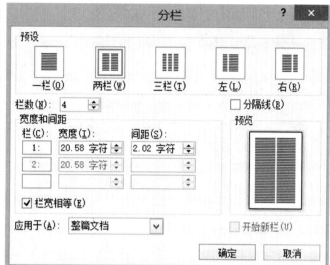

图 3-3-4　分栏设置

> **提示**：当分栏的内容为文本的最后一段时，需要在段落后按 Enter 回车添加一个空白段，设置分栏时不要选中最后的空白段才可成功分栏。

（3）插入艺术字"我运动我 Happy"

① 字体设置为"宋体"。

② "我运动"三个字"文本填充"设置为红色，"我 Happy"三个字在"绘图工具"→"格式"→"文本填充"设置为绿色，"文本轮廓"设置为无；"文本效果"→"转换"→"弯曲"→"波形 2"。

③ 在"绘图工具"→"格式"中"形状填充"设置为无，"形状轮廓"设置颜色为"浅蓝"、粗细设置为 3 磅，线型设置为"圆点"；选择"插入形状"组中"编辑形状"→"更改形状"，选择星与旗帜：双波形。

④ 在"绘图工具"→"格式"中的"排列"组中选择"自动换行"设置为"紧密环绕型"，调整艺术字大小和位置。

（4）插入图片

① 插入运动图片。选择"插入"选项卡中的"图片"，在打开的窗口中选择需要的图片文件，单击"插入"按钮，即可插入图片。

② 设置图片文字环绕方式。选中插入的图片，在"图片工具"→"格式"中选择"排列"组，"自动换行"设置为"紧密环绕型"，移动调整图片位置。编辑效果如图 3-3-5 所示。

我运动我 Happy~

跑步锻炼是人们最常采用的一种身体锻炼方式。跑步可以活跃大脑思维，舒缓学习、工作和生活的压力，并让身体充满活力。无论在运动场上或在马路上，甚至在田野间、树林中均可进行跑步锻炼。各人可以自己掌握跑步的速度、距离和路线。

篮球运动必须具备勇敢顽强的斗志和团结协作的精神。学生通过参与篮球运动，既可以强身健体，也可以使个性、自信心、审美情趣、意志力、进取心、自我约束等能力都有很好的发展，也有利于培养团结合作、尊重对手、公平竞争的道德品质

羽毛球是一项室内，室外兼顾的运动。适量的羽毛球运动能促进学生增长身高，培养学生自信、勇敢、果断等优良的心理素质。长期进行羽毛球锻炼，可使心跳强而有力，肺活量加大，耐久力提高。

跳绳是一项极佳的健体运动，能有效训练个人的反应和耐力，有助于保持个人体态与协调性，从而达到强身健体的目的。

足球是对抗性很强的集体竞赛项目，

在这个既需要激烈竞争，又需要团结协作的环境中，学生的意志品质和竞争意识会

得到磨练，有利于培养积极向上、勇于拼搏、不怕困难、吃苦耐劳的精神。

运动的方式是多种多样的，这里就不一一举例了。需要注意的是，在运动时要

合理的安排时间与强度。每天运动一小时，健康生活一辈子，让我们赶快运动起来吧！

图 3-3-5　分栏设置结果

（5）插入文本框

① 选择"插入"选项卡"文本"→"文本框"，选择"绘制竖排文本框"。

② 输入文字，设置字体"华文中宋"，小四号字，字体颜色为黑色，行间距为"固定值"20 磅。

③ 选中文本框，在"绘图工具"中"格式"选择"形状轮廓"设置颜色为紫色，线型为"虚线"→"其他线条"→"复合线型"→"双线"；"形状填充"为图片填充。

④ 插入艺术字"体育谚语"，"形状轮廓"与"形状填充"设置为无，"文本填充"设置为红色。

⑤ 插入足球图片，设置"图片效果"为柔化边框 5 磅。

⑥ 选中文本，选择"开始"选项卡"段落"组中项目符号，设置项目符号。文本框编辑效果如图 3-3-6 所示。

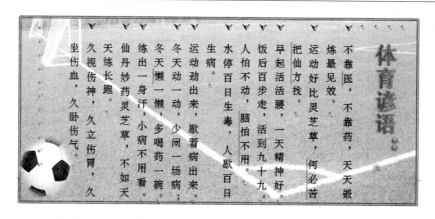

图 3-3-6　文本框编辑

6．编辑第二页文档

（1）编辑输入下段文字并设置。

姚明，1980 年 9 月 12 日出生于中国上海市，毕业于中国上海交通大学，前中国篮球运动员。姚明 17 岁入选国家青年队，18 岁穿上了中国队服。曾效力于中国篮球职业联赛（CBA）上海大鲨鱼篮球俱乐部和美国国家篮球协会（NBA）休斯敦火箭。姚明曾 7 次获得 NBA"全明星"，被美国《时代周刊》列入"世界最具影响力 100 人"。

张怡宁，1981 年 10 月 5 日生于北京……

（2）字体设置。选中文本，设置字体为"宋体"、五号字；"段落"→"行间距"设置为：单倍行间距。

（3）首字下沉设置。

① 选中姚明第一段。

② 选择"插入"选项卡→"文本"→"首字下沉"下的下拉三角

③ 选择"首字下沉选项"，在打开的对话框中选择"下沉"，设置"下沉行数"为 2。

同样方法设置其他段落的首字下沉。

（4）插入形状。

① 插入"横卷形"，右键单击插入的"横卷形"形状，在弹出的菜单中选择"添加文字"输入"英雄榜"。

② 选中形状，"形状填充"为红色，"形状轮廓"为黄色。

③ 选中"英雄榜"，设置字体为"华文行楷"、加粗、初号、黄色。

（5）插入图片，设置排列方式为"紧密环绕型"，把图片移动到合适的位置。编辑效果如图 3-3-7 所示。

英雄榜

姚明，1980年9月12日出生于中国上海市，毕业于中国上海交通大学，前中国篮球运动员。姚明17岁入选国家青年队，18岁穿上了中国队服。曾效力于中国篮球职业联赛（CBA）上海大鲨鱼篮球俱乐部和美国国家篮球协会（NBA）休斯敦火箭。姚明曾7次获得NBA"全明星"，被美国《时代周刊》列入"世界最具影响力100人"。

张怡宁，1981年10月5日生于北京，原中国女子乒乓球运动员。张怡宁6岁时开始打球，1991年进入北京队，1993年进入国家队。2000年，张怡宁在第45届世乒赛上获得女团冠军与女单亚军。2004年，张怡宁在雅典奥运会上与王楠合作获得女子双打冠军，并夺得女单冠军。2008年，北京奥运会上，张怡宁与郭跃、王楠合作夺得女团冠军，随后在女单决赛中击败王楠成功卫冕。

郭晶晶，1981年10月15日生于河北保定，前中国跳水队运动员，奥运会冠军。1988年，在河北保定开始了跳水训练，1993年，入选国家跳水队。2004年，在雅典奥运会获得女子单人3米板与女子双人3米板两枚金牌。2008年北京奥运会，获得女子单人三米板冠军，并与吴敏霞搭档获得女子双人3米板冠军。

林丹，汉族，1983年10月14日生于福建省龙岩市上杭县临江镇。中国羽毛球男子单打运动员。2008年北京奥运会、2012年伦敦奥运会男子单打项目冠军。羽毛球运动历史上第一位集奥运会冠军、世锦赛冠军、世界杯冠军、亚运会冠军、亚锦赛冠军、全英赛冠军。

迈克尔·菲尔普斯（Michael Phelps），1985年6月30日出生于马里兰州巴尔的摩市，美国职业游泳运动员。他获得了22枚奥运奖牌，其中有18枚金牌，成为奥运历史上获得奖牌及金牌最多的运动员。2012年8月4日，菲尔普斯在伦敦奥运会游泳项目比赛结束后宣布退役。

图 3-3-7　第二页正文效果

（6）编辑文档底部

① 绘制一个圆形，"形状填充"设置为无，再复制四个圆形。分别设置"形状轮廓"颜色为蓝色、黄色、黑色、绿色、红色，设置排列方式为"浮于文字上方"，调整成五环。

② 分别插入"猜、猜、我、是、谁"艺术字，分别设置"形状轮廓"和"形状填充"为无，"文本轮廓"设置为无，设置"文本填充"颜色为蓝色、黄色、黑色、绿色、红色，设置排列方式为"浮于文字上方"，将艺术字放入五环。

③ 分别插入"减去对角的矩形"、"12 边形"、"爆炸形 1"、"圆形"，"形状填充"为图片填充，设置合适的"形状轮廓"颜色。底部效果如图 3-3-8 所示。

图 3-3-8　第二页底部效果

提示：按住 Ctrl 键再用鼠标选中圆形能复制多个相同的圆形。

7. 保存文档。完成电子报刊的设计。

【知识拓展】

1. 段落格式设置

为使文档更加美观、结构清晰，仅设置字符格式是不够的，段落格式更为重要。通过设置段落格式可使文档的版式更具层次感，便于阅读。段落格式的设置可以通过三种方法，即浮动工具栏、功能区的"段落"组和"段落"对话框。

（1）利用浮动工具栏设置段落格式

使用浮动工具栏可以对段落格式进行快速设置，但是该工具栏的段落格式较少，只有居中、减少缩进和增加缩进三种。其使用方法同字符格式设置相同，首先选中需要设置的段落文本，然后单击相应的功能按钮即可实现格式设置，具体作用如下：

① "居中"按钮：用于使段落文本水平居中。

② "增加缩进量"按钮：用于增加段落的左缩进量。

③ "减少缩进量"按钮：用于减少段落的左缩进量。

（2）利用功能区设置段落格式

功能区"开始"选项卡中的"段落"组的使用方法与浮动工具栏类似，首先选中需要设置的段落文本，然后单击功能按钮即可实现段落格式设置，但是，功能区"段落"组的格式较浮动工具栏更为全面，具体如下：

① "左对齐"按钮：用于使段落左边缘与页面左边距对齐。

② "右对齐"按钮：用于使段落右边缘与页面右边距对齐。

③ "两端对齐"按钮：用于使段落文本沿左边距和右边距均匀对齐。

④ "分散对齐"按钮：用于使段落的左、右边缘同时与页面左、右边距对齐，并且根据需要调整字间距。

⑤ "行和段间距"按钮 ：用于改变文本的行间距，以及改变段前与段后的距离，也就是段落之间的距离。单击该按钮，弹出行距选择菜单，选择相应的命令即可实现调整行距的功能。

⑥ "中文版式"按钮 ：用于自定义中文或混合文字的版式。

⑦ "排序"按钮：用于按字母顺序排列所选文字或对数值数据排序。

⑧ "显示/隐藏编辑标记"按钮：用于显示或隐藏段落标记和其他格式符号。

（3）利用"段落"对话框设置段落格式

除浮动工具栏、功能区"段落"组外，Word 2010 还提供了"段落"对话框可以对段落格式进行更为详细、精确的设置，如图 3-3-9 所示。单击功能区"开始"选项卡"段落"组右下角的对话框启动按钮即可打开"段落"对话框。该对话框包含"缩进和间距"、"换行和分页"以及"中文版式"三个选项卡，其具体操作如下：

① 选定要设置格式的段落。

② 单击功能区"开始"选项卡"段落"组右下角的对话框启动按钮打开"段落"对话框，默认为"缩进和间距"选项卡。

③ 在"缩进和间距"选项卡中，可以对段落的对齐方式、缩进量、段间距以及行间距进行设置，并且可以预览效果；在"换行和分页"选项卡中，可以对分页、行号和断字进行设置；在"中文版式"选项卡中，可以对中文文档的特殊版式进行设置，例如，按中文习惯控制首尾字符、允许标点溢出边界等。

④ 设置完毕后，单击"确定"按钮即可。

图 3-3-9　段落设置对话框

2．设置分栏

（1）选中需要分栏显示的文本内容。

（2）在功能区"页面布局"选项卡的"页面设置"组中单击"分栏"按钮，弹出分栏下拉列表。

（3）在列表中选择样式，也可选择"更多分栏"命令，弹出"分栏"对话框进行详细设置。

（4）在"预设"区中选择分栏模式，也可在"栏数"微调框中设置分栏列数；在"宽度和间距"区中设置相应的参数，包括每栏的宽度、间距；在"应用于"下拉列表中选择分栏设置是整篇文档还是插入点之后的所有文档；可以在"预览"区中查看效果。如图 3-3-10 所示。

（5）设置完后，单击"确定"按钮即可实现对文档的分栏功能。

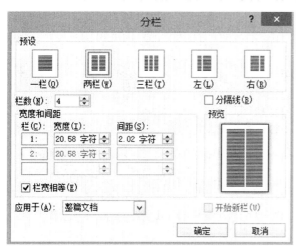

图 3-3-10　分栏

图 3-3-11　首字下沉

3．设置首字下沉

（1）将光标位置定位在要实现首字下沉效果的段落中。

（2）单击功能区"插入"选项卡"文本"组的"首字下沉"按钮，弹出首字下沉下拉列表。

（3）在列表中选择格式，或者选择"首字下沉"选项弹出"首字下沉"对话框进行详细设置，如图 3-3-11 所示。

（4）在该对话框中的"位置"区选择首字下沉的样式；在"选项"区"字体"下拉列表设置字体，在"下沉行数"微调框中设置需要下沉的行数，在"距正文"微调框中设置距正文的距离。

（5）设置完毕后，单击"确定"按钮即可实现首字下沉。

4．设置文字方向

在 Word 2010 中，默认情况下文字的排版是水平排版，若要对文字进行垂直排版，如图 3-3-12 所示，需要进行文字方向的设置，具体操作步骤如下：

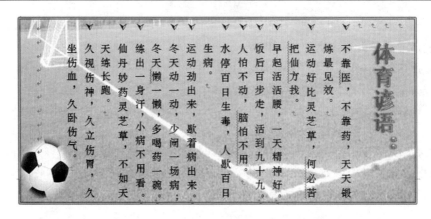

图 3-3-12　设置文字方向

（1）选中需要垂直排版的文本。

（2）单击功能区"页面布局"选项卡"页面设置"组的"文字方向"按钮，弹出文字方向下拉列表，如图 3-3-13 所示。

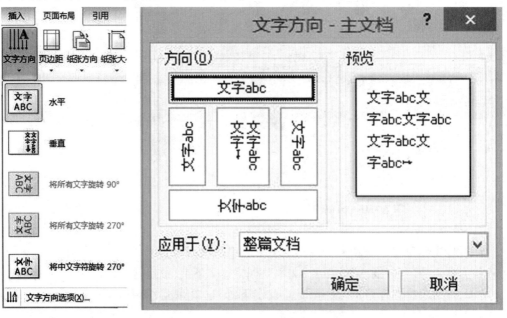

图 3-3-13　文字方向　　　　　　　图 3-3-14　文字方向选项

（3）在列表中选择需要的文字方向，或者选择"文字方向选项"弹出"文字方向"对话框进行详细设置，如图 3-3-14 所示。

（4）在该对话框"方向"区选择文字方向；在"应用于"下拉列表中选择分栏设置是整篇文档还是插入点之后的所有文档；可以在"预览"区中查看效果。

（5）设置完毕后，单击"确定"按钮即可。

任务 3.4　个人简历制作

【任务解析】

本任务是使用 Word 2010 文本处理软件来制作一份个人简历文件，如图 3-4-1 所示。通过此任务的学习，进一步熟悉页面设置，掌握文本段落的设置，掌握表格的插入与设置、项目符号与列表的使用。

图 3-4-1　个人简历效果图

【知识要点】

☞ 页面设置

☞ 文本框的设置

☞ 图片的设置

☞ 文本的段落设置

☞ 插入日期

☞ 表格的插入与设置

☞ 项目符号与列表

【任务实施】

1. 新建、保存文档

启动 Word2010,创建一个名为"文档 1"的空白文档,保存文档为"个人简历. docx"。

2. 页面设置

(1) 选择"页面布局"选项卡中的"页面设置"。

(2) "页边距"→"自定义边距"中上、下、左、右边距均设置为 2.5cm。

(3) "纸张大小"选择"A4 21cm×29.7cm","纸张方向"设置为纵向。

3. 插入 4 页空白页

4. 第一页封面的设计与制作

(1) 插入文本框,输入"我已经准备就绪,希望与您同行";将"我"字设置字体、字号为"华文彩云"、"小初";将"已经准备就绪,希望与您同行"设置字体、字号为"华文行楷"、"二号";"形状轮廓"设置为"无轮廓"。如图 3-4-2 所示。

(2) 插入竖排文本框,输入"个人",将字体、字号设置为"华文行楷"、"48 号字"、加粗;"形状轮廓"设置为"无轮廓"。如图 3-4-3 所示。

(3) 插入竖排文本框,输入"Resume",将字体、字号设置为"Calibri"、"48 号字"、加粗、加下划线;"形状轮廓"设置为"无轮廓"。

(4) 插入竖排文本框,输入"简历",将字体、字号设置为"华文行楷"、"72 号字"、加粗;"形状轮廓"设置为"无轮廓"。

(5) 插入文本框,输入个人基本信息,字体、字号设置为"宋体"、"四号";"形状轮廓"设置为"无轮廓"。如图 3-4-4 所示。

(6) 插入"图片",文字环绕方式设置为"浮于文字上方",调整图片大小、位置。

已经准备就绪，希望与您同行.

图 3-4-2　艺术字效果

姓　　　名 王雅丽

性　　　别 女

毕业学校 xxx 师范学院

专　　　业 幼儿教育

联系电话 11111111111

图 3-4-3　文本框效果　　　　　　图 3-4-4　两图调换位置

5. 第二页文本的段落设置

(1) 输入文本。

字体、字号设置为"宋体"、"4 号"。

(2) 段落设置。单击"开始"选项卡的"段落"组的右下角的打开"段落"设置对话框，"缩进"项的"特殊缩进"设置为"首行缩进"，"磅值"设置为"2 字符"，"行间距"设置为"固定值"、"22 磅"。

(3) 最后两行对其方式设置为"右对齐"。

尊敬的领导：

你好！首先感谢你百忙中抽空阅读我的自荐信。我是汕头幼师 2011 届的一名毕业生，我怀着一颗忐忑的心写完并给予您这封自荐信，因为我真心希望能在你们园进行幼教的活动，成为这大家庭中的一员！

我就读了三年的幼师，这三年是漫长也是短暂的，因为幼师，我经历了从花园里被保护的幼苗到走向社会，成为独当一面的花朵这一大转折点，这段时间是漫长的，可是三年还是转眼即逝，当我站在这人生的分岔路口，……

……

或许我不是最优秀的，但我是最真心诚意的，所以希望贵园能给我一个机会，让我证明我可以，证明贵园没有看错人！谢谢！

此致

敬礼

王雅丽

2017 年 5 月 27 日

6. 第三页表格的插入设计

(1) 插入 10 行 5 列表格。

(2) 设置行高。

① 选中第 1 行，单击"表格工具"→"布局"→"单元格大小"→"行高"，设置为 1.5cm。

② 选中第 2 行至第 6 行，单击"表格工具"→"布局"→"单元格大小"→"行高"，设置

为 1cm。如图 3-4-5 所示。

③ 选中第 7 行至第 10 行，单击"表格工具"→"布局"→"单元格大小"→"行高"，设置为 4cm。

个人简历				
姓名	王雅丽	出生年月	1995 年 9 月	
性别	女	联系电话	XXXXXXXXXXX	
民族	xxx	E-mail	123456@QQ.COM	
专业	幼儿教育	毕业学校	Xxxx 师范学院	
学历	大专	籍贯	XXXXXXXXXXXXXXXXXXXXXX	

图 3-4-5 "个人简历"表头

（3）合并单元格。

① 合并第 1 行单元格。选中第 1 行所有单元格，单击"表格工具"→"布局"→"合并单元格"。如图 3-4-5 所示。

② 合并第 5 列单元格。选中第 5 列的第 2 行至第 5 行单元格，单击"表格工具"→"布局"→"合并单元格"。

③ 合并第 6 行单元格。选中第 6 行的第 4 列至第 5 列单元格，单击"表格工具"→"布局"→"合并单元格"。

④ 合并第 7 行单元格。选中第 7 行的第 2 列至第 5 列单元格，合并单元格。同样合并第 8 行至第 10 行单元格。如图 3-4-6 所示。

主修课程	
个人特长	
主要奖励	
主要经历	

图 3-4-6 "个人简历"7～10 行

（4）调整单元格宽度。拖动单元格边框调整单元格宽度。

提示：文本框内文字的对齐方式、竖排设置在表格工具中，选择"表格工具"→"布局"即可设置对齐方式与文字排列方式。

7．第四页列表的设置

（1）设置标题。

设置字体、字号为"宋体"、"小初"，居中对齐；段间距为段前 2 行，段后 1 行。

（2）设置列表。选中后面所有行，单击"段落"组中的"编号"右侧的下三角，选择需要的列表样式。

8．保存文档

【知识拓展】

1．创建表格

在 word 2010 中创建表格有四种方法：利用表格模板、利用表格菜单、利用"插入表格"命令以及利用"绘制表格"命令。

（1）利用表格模板创建表格

在 word 2010 中可以使用表格模板插入预先设定好格式的表格。具体操作步骤如下：

① 将插入点定位在文档中需要插入表格的位置。

② 选择功能区"插入"选项卡"表格"组中的"表格"按钮，在弹出的下拉菜单中选择"快速表格"命令，如图 3-4-7 所示，弹出内置表格样式菜单，选择合适的样式即可创建表格。

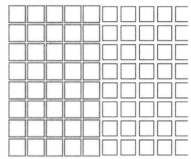

图 3-4-7　快速表格　　　　图 3-4-8　拖动鼠标插入表格

（2）利用表格菜单创建表格

在 Word 2010 中，如果只需要插入一个简单的表格，可以使用表格菜单创建，具体操作步骤如下：

① 将插入点定位在文档中需要插入表格的位置。

② 选择功能区"插入"选项卡"表格"组中的"表格"按钮，弹出的下拉菜单的上半部分为示例表格，如图 3-4-8 所示，拖动鼠标示例表格会显示行数与列数，选择合适的表格单击鼠标左键即可创建。

（3）利用"插入表格"命令

如果需要插入指定格式的表格，可以通过插入表格命令实现，具体操作步骤如下：

① 将插入点定位在文档中需要插入表格的位置。

② 在功能区"插入"选项卡"表格"组中单击"表格"按钮，在弹出的下拉菜单中选择"插入表格"命令，弹出"插入表格"对话框，如图 3-4-9 所示。

③ 在对话框"表格尺寸"区中的"列数"、"行数"微调框中设置表格的行数和列数，在"自动调整操作"区设置表格宽高的调整，包括固定列宽、根据内容调整表格以及根据窗口调整表格。

④ 设置完毕后单击确是按钮即可创建表格。

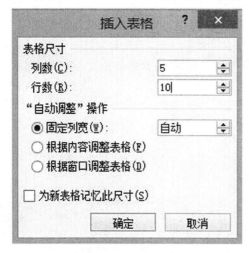

图 3-4-9　利用"插入表格"命令　　　　　　　图 3-4-10　"绘制表格"

（4）利用"绘制表格"命令创建表格

对于比较复杂的表格，Word 2010 提供了手工绘制的功能创建表格，其具体操作步骤如下：

① 在功能区"插入"选项卡"表格"组中单击"表格"按钮，在弹出菜单中选择"绘制表格"命令，图 3-4-10 所示，此时，鼠标光标变成画笔形状。

② 在文档页面拖动鼠标即可绘制表格的框线。

③ 如果要擦除多余的表格框线，可选中该表格，选中功能区"设计"选项卡"绘图边框"组的"擦除"按钮，此时，鼠标光标变为橡皮形状。

④ 在表格框线处单击鼠标左键即可擦除表格框线。

⑤ 完成表格绘制后,若在绘制状态,再次选择"绘制表格"命令即可结束表格绘制;若在擦除状态,再次选择"擦除"按钮即可结束表格绘制。或者按下键盘"Esc"键结束表格绘制,也可在单元格内双击鼠标左键来结束表格绘制。

2. 编辑表格

在 Word 中创建表格后,实际应用中经常需要对表格作进一步修改才能符合使用要求,其中包括对行、列以及单元格的修改。

(1) 在表格中移动插入点

在表格中,无论是输入文本还是对表格的行列作出修改,都需要将插入点定位在合适的位置。

移动插入点的方法除直接使用鼠标单击相应的单元格外,还可以使用组合键实现,具体方法如表 3-4-1 所示。

表 3-4-1　表格的编辑定位

按键	移动插入点
Tab	移动到下一个单元格
Shift+Tab	移动到前一个单元格
Alt+Home	移动到同行的第一个单元格
Alt+End	移动到同行的最后一个单元格
Alt+PageUp	移动到同列的第一个单元格
Alt+PageDown	移动到同列的最后一个单元格
←	左移一个字符,当插入点为单元格开头的字符时移动到上一个单元格
→	右移一个字符,当插入点为单元格末尾的字符时移动到上一个单元格
↓	移动到下一行
↑	移动到上一行

(2) 插入行或列

在编辑表格时,有时需要插入适当的行或列,以便于数据的输入和管理。在表格中插入行或列的方法类似,其操作步骤如下:

① 将插入点定位在需要插入行或列的表格中。

② 单击功能区"布局"选项卡"行和列"组中的"上方插入"按钮,"下方插入"按钮,"左侧插入"按钮,以及"在右侧插入"按钮,即可实现在上方或下方插入行,在左侧或右侧插入列的效果;或者单击右键弹出右键菜单,在菜单中选择"插入"弹出插入行或列选项菜单,如图 3-4-11 所示,在菜单中选择相应命令也可以实现插入行或列的效果。

(3) 插入单元格

Word 2010 提供了两种在表格中插入单元格的方法,具体操作步骤如下:

① 将插入点定位在需要插入行或列的表格中。

② 单击功能区"布局"选项卡"行和列"组右下角的对话框启动按钮,弹出"插入单元格"对话框,如图 3-4-12 所示。

③ 在该对话框中选择相应的选项,单击"确定"按钮即可。

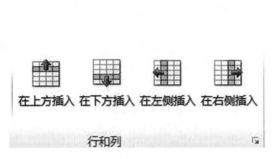 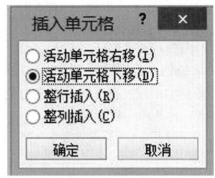

图 3-4-11　插入行或列　　　　　　　图 3-4-12　插入行单元格

（4）单元格合并与拆分

所谓单元格合并是将一行或一列中的多个单元格合并为一个单元格,而单元格拆分是将一个单元格拆分为多个单元格。具体操作步骤如下:

① 单元格合并。选择要合并的单元格,单击功能区"布局"选项卡"合并"组中的"合并单元格"按钮即可实现单元格的合并效果,如图 3-4-13 所示;或者单击鼠标右键,在弹出的菜单中选择"合并单元格"选项也可以实现单元格的合并效果。

② 单元格拆分。选择要拆分的单元格,单击功能区"布局"选项卡"合并"组中的"拆分单元格"按钮,弹出"拆分单元格"对话框,如图 3-4-13 所示,在该对话框的"列数"和"行数"微调框中设置需要拆分的行数和列数即可。

（5）删除行、列或单元格

删除表格中的行、列或单元格方法类似,具体操作步骤如下:

① 选定需要删除的行、列或单元格。

② 单击功能区"布局"选项卡"行和列"组中的"删除"按钮,弹出删除选项菜单如图 3-4-14 所示。

③ 在该菜单中选择需要删除的命令。

④ 选择"删除单元格"命令,弹出"删除单元格"对话框,选择相应的选项,然后单击"确定"按钮即可。

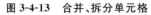 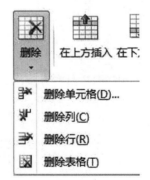

图 3-4-13　合并、拆分单元格　　　图 3-4-14　删除行、列、表格、单元格

3. 表格格式设置

在表格中输入文本与在普通文档中输入文本相同,都需要进行格式设置,表格格式设置主要包括表格样式选择、边框和底纹的设置以及表格属性的设置。

(1) 应用表格样式

创建表格后,可以使用 word 2010 提供的表格样式对整个表格进行样式设置,具体操作步骤如下:

① 单击功能区"设计"选项卡"表格样式"组的下拉按钮,弹出表格样式菜单,如图 3-4-15 所示。

② 在弹出的表格样式菜单中选择某个样式即可。

(2) 设置边框和底纹

Word 2010 中默认表格边框为 0.5 磅的黑色实线,通过功能区或"边框和底纹"对话框可以对表格边框详细设置,包括颜色、线型等,具体操作步骤如下:

① 选中需要设置的表格或表格中的部分单元格。

② 单击功能区"设计"选项卡"表格样式"组中"边框"按钮,弹出下拉菜单选中合适的边框,如图 3-4-16 所示,如果没有满足条件的选项可以选择"边框和底纹"命令弹出"边框和底纹"对话框,在该对话框中可以对表格的边框和底纹进行详细设置;或者单击鼠标右键,在弹出的菜单中选择"边框和底纹"选项,弹出"边框和底纹"对话框。

③ 在该对话框中有三个选项卡,其中"边框"选项卡设置表格的边框,在"设置"区选择表格的边框,在"样式"区选择边框的框线类型,"颜色"下拉菜单用于设置边框颜色,"宽度"下拉菜单用于设置边框的宽度;"底纹"选项卡用于设置表格的背景色,如图 3-4-17 所示,在"填充"区设置颜色,"图案"区设置样式。

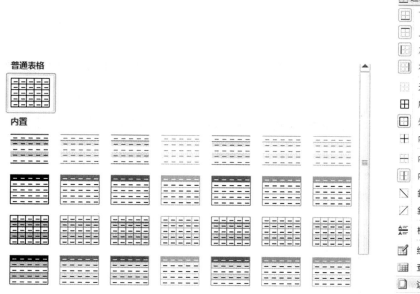

图 3-4-15　表格样式　　　　　　　　　　图 3-4-16　边框和底纹

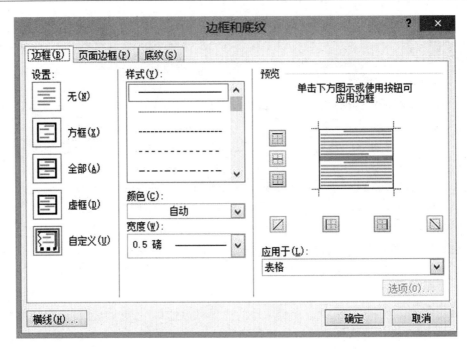

图 3-4-17　设置"边框和底纹"

（3）设置表格属性

设置表格的属性主要包括设置表格的行高、列宽以及表格的对齐方式等。这些属性的设置可以通过功能区以及表格属性对话框完成。

① 利用功能区设置表格属性。选择需要设置属性的表格,然后选择功能区"布局"选项卡,该选项卡中的"单元格大小"组以及"对齐方式"组用于设置表格的属性,如图 3-4-18 所示。其中"单元格大小"组中的"高度"、"宽度"微调框用于设置表格高度与宽度,"分布行"与"分布列"按钮用于设置表格内行与列均匀分布;"对齐方式"组主要设置表格中各单元格内文字的对齐方式,包括垂直方向与水平方向。

图 3-4-18　设置"单元格大小"、"对齐方式"、"文字方向"

② 利用"表格属性"对话框设置表格属性。选择需要设置属性的表格,然后单击功能区"布局"选项卡"表格"组的"属性"按钮,弹出"表格属性"对话框,如图 3-4-19 所示。

图 3-4-19　"表格属性"对话框

4. 表格与文本的转换

在 word 2010 中,可以将已有的表格转换为普通文本,也可以将文本转换为表格。但是,如果要将文本转换为表格,必须在文本中添加分隔符,以便在转换时可以放入不同的列中。

(1) 文本转换为表格。选中需要转换的文本,然后单击功能区"插入"选项卡"表格"组中的"表格"按钮,在弹出的下拉菜单中选择"将文字转换成表格"选项,弹出"将文字转换成表格"对话框,在该对话框中设置合适的行数、列数以及列分隔符,单击"确定"按钮即可。

(2) 表格转换为文本。选中需要转换的表格,然后单击功能区"布局"选项卡"数据"组的"转换为文本"按钮,弹出"表格转换成文本"对话框,如图 3-4-20 所示,在该对话框中选择适当的文字分隔符,然后单击"确定"按钮即可。如图 3-4-21 所示。

图 3-4-20　表格转文本　　　　　　　　图 3-4-21　转换结果

任务 3.5　批量制作"工资条"

【任务解析】

本任务是使用 Word 2010 文本处理软件来批量制作单位的工资条文件,如图 3-5-1 所示。通过此任务的学习,进一步熟悉页面设置,了解主文档,数据源的概念,掌握邮件合并的运用。

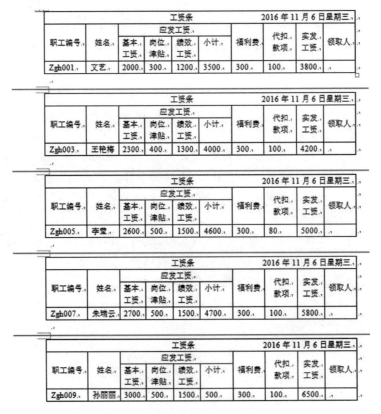

图 3-5-1　工资条

【知识要点】

☞ 自定义页面设置

☞ 表格的设置

☞ 数据源

☞ 主文档

☞ 邮件合并

【任务实施】

1. 新建、保存文档。启动 Word 2010,创建一个名为"文档 1"的空白文档,保存文档为"工资条主文档. docx"。

2. 新建另一个空白文档,保存文档为"工资条数据源. docx"。

3. 页面设置

(1) 选择"页面布局"选项卡中的"页面设置"。

(2)"纸张大小"选择"自定义","纸张方向"设置为横向。纸张大小设置为宽 18. 4cm,高 7cm;装订线 0.5cm,装订线位置为左。

(3)"页边距"→"自定义边距"中上、下、左设置为 1.5cm,右边距均设置为 1cm。

4. 编辑"工资条主文档. docx"

工资条						2016 年 11 月 6 日星期三			
职工编号	姓名	应发工资				福利费	代扣款项	实发工资	领取人
		基本工资	岗位津贴	绩效工资	小计				

图 3-5-2　工资条主文档

(1) 插入一个 4 行 10 列的表格。

(2) 合并单元格。

① 合并第 1 行单元格。

② 合并第 1 列第 2 行与第 3 行单元格。

③ 合并第 2 列第 2 行与第 3 行单元格。

④ 合并第 7 列第 2 行与第 3 行单元格。

⑤ 合并第 8 列第 2 行与第 3 行单元格。

⑥ 合并第 9 列第 2 行与第 3 行单元格。

⑦ 合并第 10 列第 2 行与第 3 行单元格。

⑧ 合并第 2 行第 3 列至第 6 列单元格。

(3) 表格中输入文本,结果如图 3-5-2 所示。

5. 编辑"工资条数据源. docx"

(1) 插入一个 10 行 10 列的表格。

（2）输入表格内容，结果如图 3-5-3 所示。

职工编号	姓名	基本工资	岗位津贴	绩效工资	小计	福利费	代扣款项	实发工资	领取人
Zgh001	文艺	2000	300	1200	3500	300	100	3800	
Zgh002	韩雪	2000	300	1200	3500	300	50	3800	
Zgh003	王艳梅	2300	400	1300	4000	300	100	4200	
Zgh004	常玲丽	2300	400	1300	4000	300	50	4500	
Zgh005	李莹	2600	500	1500	4600	300	80	5000	
Zgh006	王妃	2700	500	1500	4500	300	90	5500	
Zgh007	朱瑞云	2700	500	1500	4700	300	100	5800	
Zgh008	李露露	2600	500	1500	5100	300	50	6000	
Zgh009	孙丽丽	3000	500	1500	5000	300	100	6500	

图 3-5-3　工资条数据源

6. 邮件合并

（1）关闭数据源文档，打开主文档。

（2）选择收件人。选择"邮件"→"选择收件人"→"使用现有列表"选择"工资条数据源.docx"文件，单击"打开"按钮，如图 3-5-4 所示。

（3）插入合并域。选择"邮件"→"插入合并域"，如图 3-5-5 所示。

① 选择"职工编号"下方的单元格，选择"邮件"→"插入合并域"→"职工编号"。

② 选择"姓名"下方的单元格，选择"邮件"→"插入合并域"→"姓名"。

③ 同样方法依次为"基本工资"、"岗位津贴"、"绩效工资"、"小计"、"福利费"、"代扣款项"、"实发工资"等插入合并域。

（4）预览结果。

（5）完成并合并。选择"邮件"→"完成"→"完成并合并"→"编辑单个文档"打开"合并到新文档"对话框，选择"全部"→"确定"。

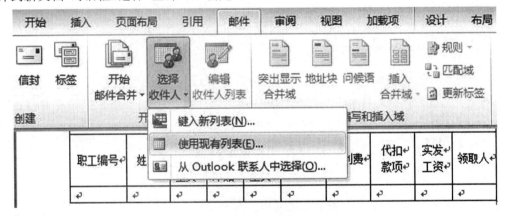

图 3-5-4　选择收件人

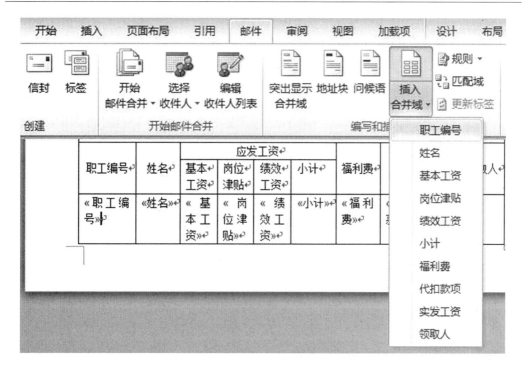

图 3-5-5　插入合并域

7. 保存、打印邮件合并工资条。

> 提示：邮件合并时，需要两个文档，一个是产生批量文件的主文档，一个是数据源文档。

【知识拓展】

在日常的办公过程中，我们可能有很多数据表，同时又需要根据这些数据信息制作出大量信函、信封或者是工资条。借助 Word 提供的一项功能强大的数据管理功能——"邮件合并"，我们完全可以轻松、准确、快速地完成这些任务。"邮件合并"功能除了可以批量处理信函、信封等与邮件相关的文档外，一样可以轻松地批量制作标签、工资条、成绩单等。

1. "邮件合并"的使用条件

最常用的需要批量处理的信函、工资条等文档，它们通常都具备两个规律：

一是我们需要制作的数量比较大。

二是这些文档内容分为固定不变的内容和变化的内容，比如信封上的寄信人地址和邮政编码、信函中的落款等，这些都是固定不变的内容；而收信人的地址邮编等就属于变化的内容。其中变化的部分由数据表中含有标题行的数据记录表表示。

2. 邮件合并的三个基本过程

（1）建立主文档。"主文档"就是前面提到的固定不变的主体内容，比如信封中的落款、信函中的对每个收信人都不变的内容等。使用邮件合并之前先建立主文档，是一个很好的习惯。一方面可以考查预计中的工作是否适合使用邮件合并,另一方面是主文档的建立,为数据源的建立或选择提供了标准和思路。

(2)准备好数据源数据源就是前面提到的含有标题行的数据记录表,其中包含着相关的字段和记录内容。数据源表格可以是 WorD. Excel、Access 或 Outlook 中的联系人记录表。在实际工作中,数据源通常是现成存在的,比如你要制作大量客户信封,多数情况下,客户信息可能早已被客户经理做成了 Excel 表格,其中含有制作信封需要的"姓名"、"地址"、"邮编"等字段。

(3)把数据源合并到主文档中前面两件事情都做好之后,就可以将数据源中的相应字段合并到主文档的固定内容之中了,表格中的记录行数,决定着主文件生成的份数。整个合并操作过程将利用"邮件合并向导"进行,使用非常轻松容易。

任务 3.6　公式编辑制作

【任务解析】

本任务是使用 Word 2010 文本处理软件来编辑公式文件,如图 3-6-1 所示。通过此任务的学习,进一步熟悉页面设置,了解公式的编辑方法,掌握常用公式的编辑。

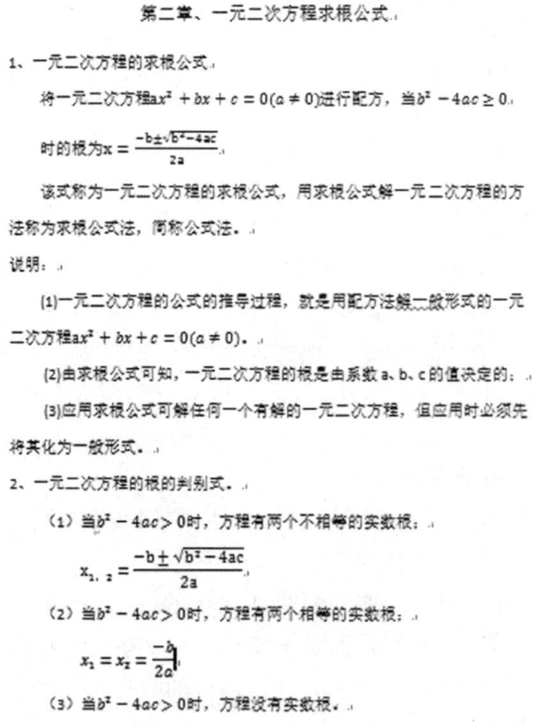

第二章、一元二次方程求根公式

1、一元二次方程的求根公式

将一元二次方程 $ax^2 + bx + c = 0(a \neq 0)$ 进行配方,当 $b^2 - 4ac \geq 0$

时的根为 $x = \dfrac{-b \pm \sqrt{b^2 - 4ac}}{2a}$

该式称为一元二次方程的求根公式,用求根公式解一元二次方程的方法称为求根公式法,简称公式法.

说明:

(1)一元二次方程的公式的推导过程,就是用配方法解一般形式的一元二次方程 $ax^2 + bx + c = 0(a \neq 0)$。

(2)由求根公式可知,一元二次方程的根是由系数 a、b、c 的值决定的;

(3)应用求根公式可解任何一个有解的一元二次方程,但应用时必须先将其化为一般形式.

2、一元二次方程的根的判别式.

(1)当 $b^2 - 4ac > 0$ 时,方程有两个不相等的实数根;

$$x_{1,\,2} = \frac{-b \pm \sqrt{b^2 - 4ac}}{2a}$$

(2)当 $b^2 - 4ac > 0$ 时,方程有两个相等的实数根;

$$x_1 = x_2 = \frac{-b}{2a}$$

(3)当 $b^2 - 4ac > 0$ 时,方程没有实数根.

图 3-6-1　公式文稿的编辑

【知识要点】

☞ Microsoft 公式

☞ Word 2010 插入公式

【任务实施】

1. 新建、保存文档

启动 Word 2010，创建一个名为"文档 1"的空白文档，保存文档为"第二章、一元二次方程求根公式.docx"。

2. 页面设置

(1) 选择"页面布局"选项卡中的"页面设置"。

(2) "页边距"→"自定义边距"中上、下、左、右边距均设置为 2.5cm。

(3) "纸张大小"选择"A4　21cm×29.7cm"，"纸张方向"设置为纵向。

3. 编辑公式

(1) 插入公式：$ax^2 + bx + c = 0(a \neq 0)$

① 将插入点移至需要插入公式的位置。

② 选择功能区"插入"选项卡"符号"组的公式 **π** 按钮，在弹出的下拉列表中选择"插入新公式"选项，如图 3-6-2 所示，此时窗口变为公式编辑状态，如图 3-6-3 所示，在文档中会出现公式编辑框，在编辑框中输入公式。

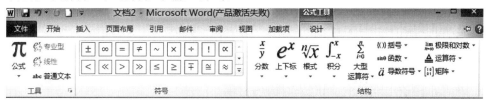

图 3-6-2　公式编辑状态

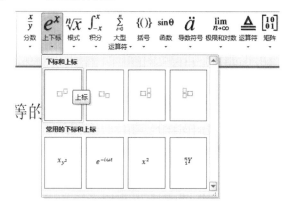

图 3-6-4　公式结构

图 3-6-3　公式编辑框

③ x^2 输入。选择"设计"选项卡的"结构"组中"上下标"→"上标"，如图 3-6-4 所示，即可分别输入 X 与 2。

④ 其他符号输入。在"公式工具"→"设计"→"符号"组中选择相应符号。

(2) 输入公式：$x_{1,2} = \dfrac{-b \pm \sqrt{b^2 - 4ac}}{2a}$

① 插入新公式。

② $x_{1,2}$ 的输入。选择"设计"选项卡的"结构"组中"上下标"→"下标"，如图 3-6-4 所示，即可分别输入 X 与 1,2。

③ 分式的输入。选择"设计"选项卡的"结构"组中"分数"→"分数（竖式）"，如图 3-6-4 所示。

④ 根式的输入。选择"设计"选项卡的"结构"组中"根式"。

【知识拓展】

插入公式

word 2010 提供了两种公式编辑的方法，一种是从 word 2010 开始的直接对公式进行编辑，另一种是之前版本一直使用的"Microsoft 公式"编辑，下面对这两种方法分别加以介绍。

(1) 使用"Microsoft 公式"

使用"Microsoft 公式"编辑公式的方法如下：

① 将插入点移至需要插入公式的位置。

② 选择功能区"插入"选项卡"文本"组的"对象"按钮，在弹出的下拉菜单中选择"对象"命令，弹出"对象"对话框，如图 3-6-5 所示。

图 3-6-5 "对象"对话框

③ 在该对话框的"新建"选项卡下的"对象类型"列表中选择"Microsoft 公式 3.0"后，单击"确定"按钮，即可弹出"公式"工具栏，并且文档中会出现一个由虚线构成的公式编辑区，插入点位于公式编辑区中，此时文档处于公式编辑状态，Word 窗口发生了变化，如图 3-6-6 所示。

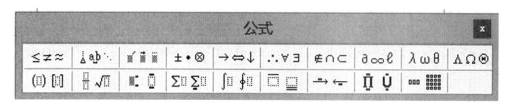

图 3-6-6　Microsoft 公式

④ 在"公式"工具栏中,包括了 19 个工具按钮,150 多个数学符号、希腊字母等。单击按钮即可打开符号列表,如图 3-6-7 所示,从中选择所需的符号即可。

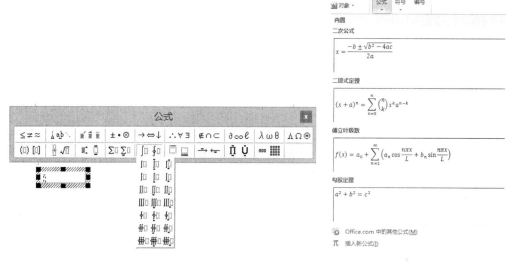

图 3-6-7　Microsoft 公式列表　　　　图 3-6-8　插入新公式

⑤ 公式编辑完成后,单击公式区外的任意处,即可退出公式编辑返回 Word 的文本编辑状态。

(2) 直接插入公式

直接在文档中插入公式的方法如下:

① 将插入点定位在需要插入公式的位置。

② 选择功能区"插入"选项卡"符号"组的公式按钮 π,在弹出的下拉列表中选择"插入新公式"选项,如图 3-6-8 所示,此时在文档中会出现公式编辑框,用户可在"设计"选项卡下选择相应的公式符号进行公式编辑,如图 3-6-9 所示。

③ 公式编辑完成后,单击公式区外的任意处,即可插入公式。

④ 修改公式时,只需单击该公式即可再次回到公式编辑状态继续编辑。

⑤ 选中公式,单击右侧的下拉按钮,弹出公式类型下拉列表,其中专业型和线性分别为公式的两种形式,即行间公式和独立公式,这两种公式在显示上有一定差别,独立公式为居中显示,行间公式为嵌入在文本行内,较之独立公式其大小要小一些。

图 3-6-9　公式编辑框

任务 3.7　文章排版设计制作

【任务解析】

本任务是使用 Word 2010 文本处理软件来对一个文档进行排版,如图 3-7-1 所示。通过此任务的学习,进一步熟悉页面设置,掌握文本段落的设置,掌握标题样式的设置、分隔符的设置、页码的设置、自动生成目录与更新目录的方法。

图 3-7-1　文章排版效果图

【知识要点】

☞ 标题样式设置

☞ 分隔符的设置

☞ 页面页脚的设置

☞ 页码的设置

☞ 自动生成目录及更新目录的设置

【任务实施】

1. 新建、保存文档

启动 Word2010，创建一个名为"文档 1"的空白文档，保存文档为"论文排版.docx"。

2. 页面设置

(1) 选择"页面布局"选项卡中的"页面设置"。

(2) "页边距"→"自定义边距"中上边距设置为 3cm，下、左、右边距均设置为 2.5cm。

(3) "纸张大小"选择"A4　21cm×29.7cm"，"纸张方向"设置为纵向。

3. 插入封面页：插入/封面/运动型

删除表格，添加文本框

4. 段落设置

Ctrl＋A：全选文章

行间距：固定值，20 磅；段间距：段前为 0 行；段后为 1 行。

特殊格式：首行缩进，2 字符；字体：宋体/小四

5. 设置标题

(1) 设置修改标题字体、字号

选择"开始"→"样式"，选择"标题 1"，右键单击"标题 1"，在弹出的菜单选择"修改"，打开修改标题的对话框，设置"标题 1"字体、字号为黑体、三号、居中，如图 3-7-2 所示。

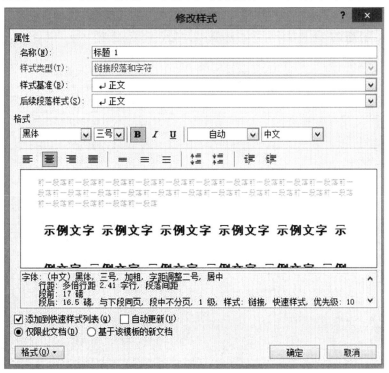

图 3-7-2　修改标题样式

（2）同样方法修改其他标题样式

① 章、目录：一级标题

② 1级标题：黑体、三号、居中

③ 2级标题：黑体、四号、左对齐

④ 3级标题：黑体、小四、左对齐

（3）设置各级标题

① 设置1级标题

② 选中文章的章标题，选择"开始"选项卡"样式"组中的"标题1"

③ 同理设置2级标题、3级标题

6. 插入页眉：计算机基础，首页不同；

"插入"选项卡中选择"页眉和页脚"中的"页眉"，下拉菜单中选择"编辑页眉"。如图3-7-3所示。

7. 分节设置

在选择完纸张大小后，word 2010会按照设置的页面大小、字符数以及行数对文档进行自动排版和分页。此外word 2010还提供了人工分页功能。

（1）分节设置。分节是为了方便页面格式化而设置的，使用分节可以将文档分成任意的几个部分，每一部分使用分节符隔开，在 Word 中以节为单位，可以对文档的不同部分分别设置不同的页眉、页脚、页号等页面格式，其具体操作步骤如下：

① 在第一章前输入"目录"，将插入点定位在需要分节的位置"目录"前。

② 选择功能区"页面布局"选项卡"页面设置"组的"分隔符"按钮，在弹出的下拉菜单中选择"分节符"组的"下一页"即可。如图3-7-4所示。

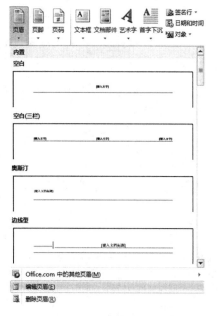

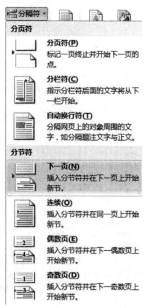

图 3-7-3　编辑页眉　　　　　图 3-7-4　插入分节符

③ 按照第二步方法，在每一章前插入分节符。

> **提示：** 下一页：插入分节符并在下一页开始新节。
>
> 连续：插入分节符并在同一页开始新节。
>
> 数页：插入分节符并在下一偶数页开始新节。
>
> 奇数页：插入分节符并在下一奇数页开始新节。

（2）如需删除分节只要删除分节符即可，选中"文件"选项卡，在菜单中选择"word 选项"，弹出"Word 选项"对话框，在对话框左侧选项中选择"显示"，如图 3-7-5 所示，在右侧勾选"显示所有格式标记"复选框，在文档中会出现所添加的分节符，按下键盘上的"Delete"键或"Backspace"键删除分节符。

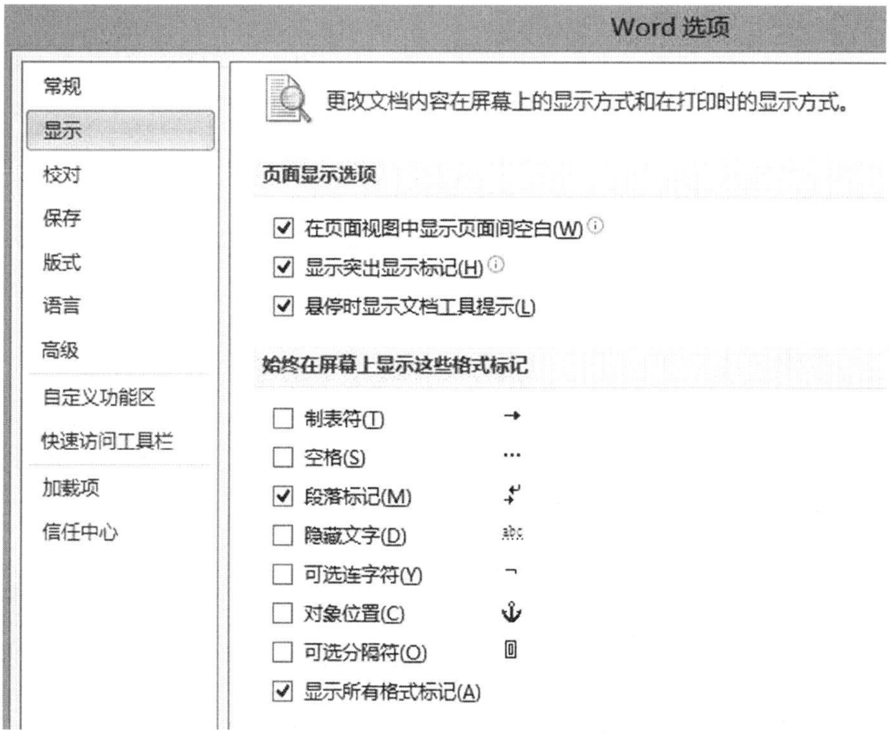

图 3-7-5 设置"显示所有格式标记"

8. 插入页码：目录为罗马数字，正文页码是阿拉伯数字

（1）设置页码格式：

① 选中目录页页脚："页码"→"设置页码格式"→"罗马数字"。如图 3-7-6 所示。

② 选中正文页页脚："页码"→"设置页码格式"→"阿拉伯数字"。如图 3-7-7 所示。

（2）设置页码：

① 选中目录页页脚："页码"→"页面底端"→"普通数字 2"。

② 选中正文页页脚："页码"→"页面底端"→"普通数字 2"。

图 3-7-6　罗马数字　　　　　　　　　图 3-7-7　阿拉伯数字

9. 生成目录

"引用"→"目录"→"插入目录"→"三级目录",如图 3-7-8 所示。

10. 更新目录

"引用"→"目录"→"更新目录",如图 3-7-9 所示。

图 3-7-8　生成三级目录　　　　　　　图 3-7-9　更新目录

11. 保存文档

【知识拓展】

1. 分页与分节设置

在选择完纸张大小后,word 2010 会按照设置的页面大小、字符数以及行数对文档进行自动排版和分页。此外 word 2010 还提供了人工分页功能。

(1) 分页设置

人工分页是指在要分页的位置插入分页符,人为地进行分页控制,在分页符后面的文

字将会出现在下一页中,其具体操作步骤为:

①　将插入点定位在需要分页的位置。

②　选择功能区"页面布局"选项卡"页面设置"组的"分隔符"按钮,弹出下拉菜单,选择分页符即可。

（2）分节设置

分节是为了方便页面格式化而设置的,使用分节可以将文档分成任意的几个部分,每一部分使用分节符隔开,在 Word 中以节为单位,可以对文档的不同部分分别设置不同的页眉、页脚、页号等页面格式,其具体操作步骤如下:

①　将插入点定位在需要分节的位置。

②　选择功能区"页面布局"选项卡"页面设置"组的"分隔符"按钮,在弹出的下拉菜单中选择合适的分节符即可。

☞　下一页:插入分节符并在下一页开始新节。

☞　连续:插入分节符并在同一页开始新节。

☞　偶数页:插入分节符并在下一偶数页开始新节。

☞　奇数页:插入分节符并在下一奇数页开始新节。

（3）删除分节

如需删除分节只要删除分节符即可,选中"文件"选项卡,在菜单中选择"Word 选项",弹出"Word 选项"对话框,在对话框左侧选项中选择"显示",在右侧勾选"显示所有格式标记"复选框,在文档中会出现所添加的分节符,按下键盘上的"Delete"键或"Backspace"键删除分节符。

2. 页眉和页脚设置

页眉和页脚是指在文档中的每一页的顶部和底部显示的信息,如日期、书名、页码等。页眉和页脚不是在正文中输入,需要单独设置。

（1）创建页眉和页脚

创建页眉和页脚的操作步骤如下:

①　打开需要插入页眉和页脚的文档。

②　选择功能区"插入"选项卡"页眉和页脚"组"页眉"按钮,在弹出的页眉选项列表中选择"编辑页眉"选项,此时 Word 处于页眉编辑状态,如图 3-7-10 所示。选择"页脚"按钮,在弹出的页脚选项列表中选择"编辑页脚"选项,此时 Word 处于页脚编辑状态,如图 3-7-11 所示。

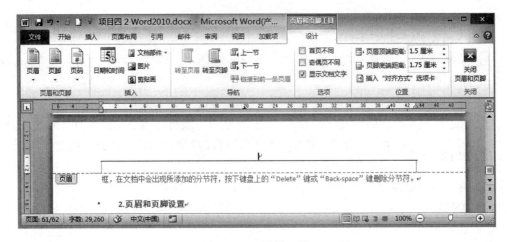

图 3-7-10　编辑页眉

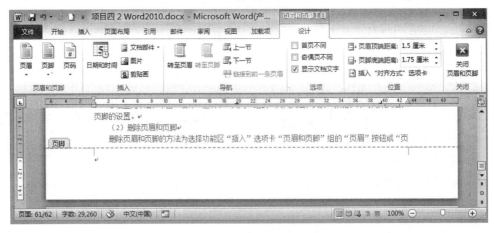

图 3-7-11　编辑页脚

③ 在"设计"选项卡"选项"组中可以设置文档全部页眉和页脚相同或者设置为奇偶页不同，也可以设置为首页不同；在"位置"组中可以设置页眉的顶端和页脚的底端距离。

④ 设置完毕后，单击"设计"选项卡"关闭"组的"关闭页眉和页脚"按钮，即可完成页眉和页脚的设置。

（2）删除页眉和页脚

删除页眉和页脚的方法为选择功能区"插入"选项卡"页眉和页脚"组的"页眉"按钮或"页脚"按钮，在弹出的选项中选"删除页眉"选项或"删除页脚"选项即可删除页眉或页脚。

项目 4　Excel 2010

【项目综述】

Excel 2010 是美国微软公司发布的 Office 2010 办公软件中的核心组件之一,它具有强大的自由制表、数据分析和图表制作等多种功能。本项目将具体通过 5 个学习型任务,介绍 Excel 2010 在创建和编辑工作簿(工作表)、格式化工作表、在工作表中使用图表、数据管理和分析以及报表的打印等方面的知识。用户可以使用 Excel 2010 制件各种专业表格,解决一些实际问题,轻松完成自己的工作。

【学习目标】

1. 掌握创建和保存 Excel 2010 工作簿的方法。
2. 掌握 Excel 2010 中工作表的编辑与管理。
3. 掌握工作表中单元格的基本操作。
4. 掌握在工作表中数据的输入与编辑的方法。
5. 掌握工作表格式化的方法。
6. 掌握公式与函数的使用方法。
7. 掌握 Excel 2010 中数据排序与筛选的方法。
8. 掌握 Excel 2010 中图表的操作方法

任务 4.1　制作员工档案表

【任务解析】

本任务是使用 Excel 2010 电子表格软件来制作一份员工档案表,如图 4-1-1 所示。通过此任务的学习,首先认识 Excel 2010 的工作界面,并掌握创建 Excel 电子表格的方法,理解工作簿、工作表、单元格的相关概念。

图 4-1-1　员工档案表

【知识要点】

☞ 新建、保存与保护工作簿

☞ 工作表、单元格的操作

☞ 文本型数据的输入

☞ 数据有效性的应用

☞ 日期和时间的输入

☞ 自动填充序列

☞ 添加批注

【任务实施】

1. Excel 2010 的启动和退出

（1）启动 Excel 2010

启动 Excel 2010 即打开 Excel 2010 的工作界面，方法有以下三种：

① 通过"开始"菜单启动：选择"开始"→"所有程序"→"Microsoft Office"→"Microsoft Excel 2010"命令。

② 通过桌面快捷方式图标：在桌面上双击 Excel 2010 中文版的快捷方式图标。

③ 通过已有的 Excel 工作簿文件启动：找到某 Excel 工作簿文件，双击该文件可启动 Excel 2010，同时打开该文件。

（2）退出 Excel 2010

退出 Excel 2010 即关闭 Excel 2010 的工作界面，方法有以下四种：

① 选择"文件"选项卡上的"退出"。

② 单击 Excel 2010 窗口右上角的关闭按钮 。

③ 按【Alt＋F4】组合键。

④ 双击 Excel 2010 窗口左上角的 Excel 图标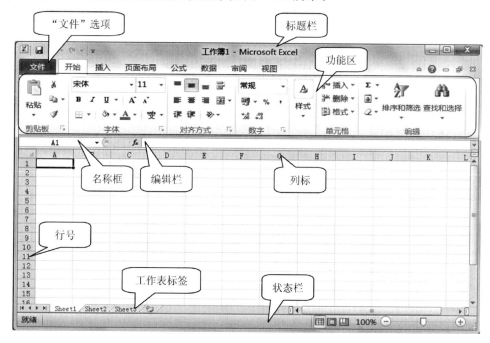；或右击标题栏，在快捷菜单中选择"关闭"命令。

2. 认识 Excel 2010 工作界面

Excel 2010 启动后，打开的窗口即为其工作界面，主要由标题栏、快速访问工具栏、选项卡、工作区、编辑栏以及滚动条等组成，如图 4-1-2 所示。

图 4-1-2　Excel 2010 的工作界面

（1）标题栏

标题栏位于 Excel 2010 主窗口的最上方。右击标题栏会出现下拉的 Excel 控制菜单，包括还原、移动、大小、最小化、最大化以及关闭等命令。中间显示应用程序名称为 Microsoft Excel 以及工作簿名称（启动时默认名称为工作簿 1）。

（2）"文件"选项卡

单击"文件"选项卡时，会打开 Microsoft Office Backstage 视图。其中包含了许多基本命令，如打开、保存和打印等。

（3）功能区

功能区将相关的命令和功能组合在一起，并划分为开始、插入、页面布局、公式、数据、审阅和视图等选项卡，以及根据所执行的任务出现的选项卡。

（4）名称框

名称框中显示的是活动单元格（有黑边框的那个单元格）地址或单元格区域的名称，如图 4-1-2 所示。将鼠标指针放在名称框和编辑栏之间，当指针变为水平双箭头时进行左右拖动，可使名称框的宽度变小或变大。

（5）编辑栏

用于显示活动单元格中的数据或者公式。在单元格中编辑数据时,其内容同时出现在编辑栏中,并显示"取消"按钮 ✗ "输入"按钮 ✓ 。如果输入的数据出现错误时,可以单击"取消"按钮来取消输入的数据(相当于按【Esc】键);如果数据没有错误,单击"输入"按钮,即可确认数据的输入(相当于按 Enter 键)。

(6)行号

行号的数字范围是 1～1048576,每个数字对应工作表中的一行,可以通过单击行号选中整行单元格。

(7)列标

列标的字母范围是 A～XFD,分别对应工作表的 1～16384 列,可以通过单击列标选中整列单元格。

(8)工作表标签

工作表标签用于显示工作表的名称。单击工作表标签将激活相应工作表,如图 4-1-3 所示 Sheet1 工作表。在工作表标签上右击,可打开与工作表基本操作相关的快捷菜单。

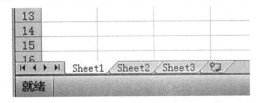

图 4-1-3　工作表标签　　　　　　　　图 4-1-4　状态栏

(9)状态栏

状态栏位于应用程序窗口的底部,用于显示当前文档的工作状态信息。例如当选中多个含有数字的单元格时,则会自动对选中数据进行求和、求平均值和计数等运算,并在状态栏中显示出运算结果,如图 4-1-4 所示。

3. 工作簿、工作表、单元格的基本概念

工作簿是计算和储存数据的文件,一个工作簿就是一个 Excel 文件,其扩展名为.xlsx。一个工作簿可以包含多个工作表,但最多可以含有 255 个工作表。默认情况下 Excel 2010 的一个工作簿中有 3 个工作表,名称分别是 Sheet1、Sheet2 和 Sheet3。

工作表是单元格的集合,是 Excel 用来存储和处理数据的地方,通常称作电子表格。每个工作表都是由若干行和若干列组成的一个二维表格,行号用数字 1,2,……,1048576 表示,共 1048576 行;列标用字母 A,B,……,XFD 表示,共有 16384 列。工作表是通过工作表标签来标识的,工作表标签显示于工作表区的底部,可以通过单击不同的工作表标签来进行工作表之间的切换。如果一个工作表在计算时要引用另一个工作表单元格中的内容,需要在引用的单元格地址前加上另一个"工作表名"和"!"符号,形式为:<工作表名>!<单元格地址>。

工作表中行和列交汇处的区域称为单元格,它是存储数据和公式及进行运算的基本单元。每个单元格都有唯一的地址,它由列标＋行号组成,如 C5 表示第 C 列第 5 行相交处单元格的地址。用鼠标单击一个单元格,该单元格被选定成为当前(活动)单元格,此单元格地址显示在名称框中,而当前单元格的内容同时显示在当前单元格和数据编辑区中。

4. 使用自动填充功能输入工号

启动 Excel 2010 后,系统自动打开一个名为工作簿 1 的文件。也可单击"文件"选项卡上的"新建"命令,在"可用模板"下选择要使用的模板来建立新工件簿。

(1) 选定 A1 单元格并在其中输入"工号";然后单击 B1 单元格,输入"姓名",依此方法在 C1:G1 单元格区域中分别输入"性别"、"出生年月"、"部门"、"学历"、"备注"。选择单元格的方法如表 4-1-1 所示。

表 4-1-1　选择单元格方法

选择类型	操 作 方 法
选择一个单元格	单击单元格
	在"名称框"中输入单元格的行号和列标,然后按 Enter 键
选择相邻的 多个单元格	选中需要选择的单元格区域左上角的单元格,然后拖动鼠标到单元格区域右下角的单元格
	选择单元格区域左上角单元格,按住 Shift 键的同时选择右下角单元格
选择不相邻的 多个单元格	按住 Ctrl 键,然后分别单击需要选择的单元格
选择整行(列)	单击需要选择的行号(列标)
选择全部单元格	单击行号和列标交叉处的"全选"按钮
	按【Ctrl＋A】组合键

(2) 在 A2 单元格中输入"0201",其中数字 0201 前加英文半角单引号作为文本型数据来输入(如图 4-1-5 所示),否则系统会认为"0201"为数值"201",在单元格中只显示"201"。

提示:常见的数据类型有文本、数字以及符号等。文本型数据包含汉字、英文字母、数字、空格及其他可以从键盘输入的符号。在 Excel 单元格中的文本默认为左对齐,数字为右对齐。为了保证工作表中数据的整齐性,可在"设置单元格格式"对话框的"对齐"选项卡中重新设置其格式。

图 4-1-5　输入工号　　　图 4-1-6　显示序列　　　图 4-1-7　自动填充智能标记

（3）拖动 A2 单元格右下角的填充柄（填充柄是指当前单元格粗边框的右下角的小黑方块）至 A8 单元格，这时 Excel 会自动填充序列，如图 4-1-6 所示。在填充序列完成后，会出现一个"自动填充选项"智能标记，单击该标记右侧的下拉按钮，在打开的列表框中可选择不同的填充方式，如图 4-1-7 所示。

（4）在 B2：B8 单元格区域中依次输入员工的姓名。

5. 为"性别"列设置数据有效性

数据的有效性是指向单元格中输入数据的权限范围。利用此功能，可以提高数据输入速度和准确性。如果输入的数据不在设置有效性的权限范围内，系统便会发出错误警告。

（1）选定要设置数据有效性的单元格区域 C2：C8。单击"数据"选项卡→"数据工具"组→"数据有效性"按钮，弹出"数据有效性"对话框。

（2）单击"设置"选项卡，在"允许"下拉列表框中选择"序列"（图 4-1-8）。在"来源"文本框中输入序列"男,女"（图 4-1-9 所示），注意逗号要以英文格式输入，单击"确定"按钮完成设置。

图 4-1-8 "数据有效性"对话框　　　　图 4-1-9 输入数据来源

（3）单击 C2 单元格，它的右边会出现一个下拉按钮。单击它会出现列表，选择"男"，则性别"男"被输入到 C2 单元格中，如图 4-1-10 所示。在 C3：C8 单元格区域分别设置好相应的性别。

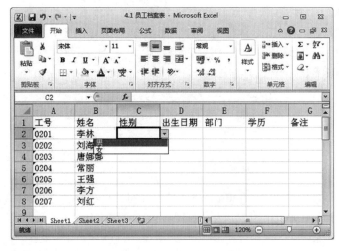

图 4-1-10 输入性别

6. 设置日期格式并输入部门和学历列数据

日期和时间是一种特殊的数值数据。当在单元格中输入系统可识别的时间和日期型数据时，单元格的格式就会自动转换为相应的时间或者日期格式，而不需要专门设置。

（1）选中单元格区域 D2:D8，单击"开始"选项卡中"数字"组右下角的"对话框启动器"按钮 ![icon]，弹出"设置单元格格式"对话框。在"数字"选项卡中的"分类"列表框中选择"日期"选项，在"类型"列表框中选择需要的日期类型，如图 4-1-11 所示。

（2）在单元格区域 D2:D8 中依次输入每个员工的出生日期。

> 提示：输入日期和时间时，要注意正确的输入方法，如 2017/5/17、21-Mar-13 等格式都为合法的日期格式；如 13:30、1:30 PM 等格式都为合法的时间格式。在单元格中输入的日期和时间默认为右对齐的方式。如果系统不能识别输入的日期和时间格式（格式错误），则输入的内容将被视为文本，并在单元格中左对齐。
>
> 如果要输入当前日期，按【Ctrl＋;】组合键；如果要输入当前时间，按【Ctrl＋Shift＋;】组合键。系统默认输入的时间是按 24 小时制的方式输入。

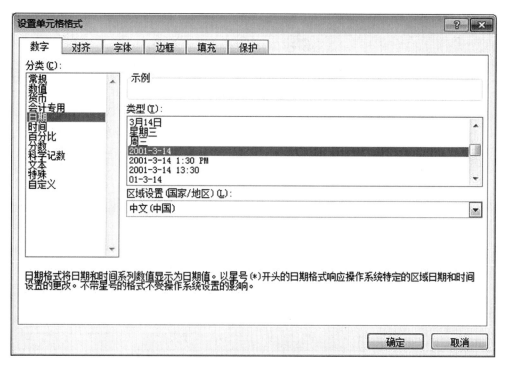

图 4-1-11　设置日期格式

（3）使用数据有效性功能来输入部门和学历列数据，方法参照性别列数据的设置。

7. 标题设置

要添加表格标题则要先插入空白行，然后输入标题。若选中不连续或连续的多个行或列，可一次性插入多行或多列。

（1）右键单击工作表第一行的行号"1"，在弹出的快捷菜单中选择"插入"命令，如图4-1-12 所示，则在最上方插入一个空白行。

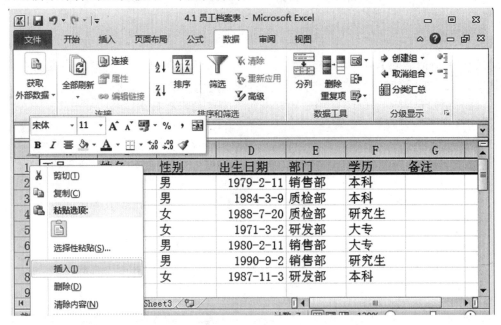

图 4-1-12　插入标题行

（2）选定 A1:G1 单元格区域，并单击"开始"选项卡中的"合并后居中"按钮，则 A1:G1 单元格区域合并成为一个单元格。在其中输入"员工档案表"。

> **提示**：合并单元格有两种方法，分别是利用功能区合并单元格和利用"设置单元格格式"对话框合并单元格。同时合并后的单元格还可以进行拆分操作，方法是右击要拆分的单元格，在弹出的快捷菜单中选择"设置单元格格式"命令，将对话框中"合并单元格"选项取消勾选即可。

8. 编辑工作表

工作表的名称显示在工作簿底部的工作表标签上，其中标签以白底高亮度显示的为当前（正在编辑的）工作表。单击工作表标签即可选定一张工作表。

（1）双击要更改名称的 Sheet1 工作表标签，在其中输入新的名称"员工档案表"，并按 Enter 键确认，如图 4-1-13 所示。

图 4-1-13　重命名工作表

（2）删除多余的工作表。

① 按住 Ctrl 键的同时选定 Sheet2 和 Sheet3 工作表。

② 单击"开始"选项卡上"删除"右侧的下拉按钮,在打开的列表中选择"删除工作表"(如图 4-1-14 所示);或右击要删除的工作表标签,从弹出的快捷菜单中选择"删除"即可。

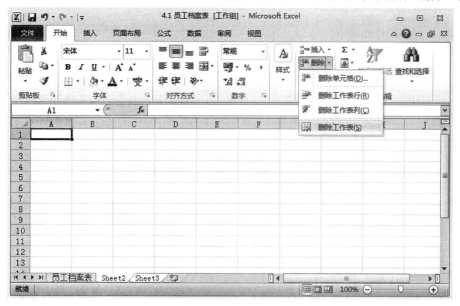

图 4-1-14　删除工作表

8．添加批注

将员工"李方"标注为实习生。选定姓名为"李方"的单元格 B8。单击"审阅"选项卡→"批注"组→"新建批注"按钮,在批注框中输入"实习生",如图 4-1-15 所示。

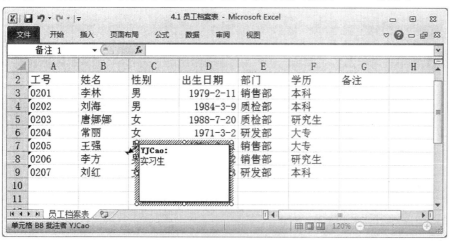

图 4-1-15　添加批注

9．保护工作簿

为了防止他人浏览、修改或删除工作簿,可以对工作簿进行保护。

（1）在"文件"选项卡中选择"另存为"命令,在弹出的"另存为"对话框中单击右下角的"工具"按钮,如图 4-1-16 所示。

（2）在打开的列表中选择"常规选项",打开"常规选项"对话框,如图 4-1-17 所示。

图 4-1-16　"工具"列表　　　　　　图 4-1-17　"常规选项"对话框

（3）在打开或修改权限的文本框中输入密码（图 4-1-17）。单击"确定"按钮，会弹出"确认密码"对话框，要求重复输入刚才设置的密码。重复输入密码后，单击"确定"按钮，返回到"另存为"对话框，单击"保存"按钮完成操作。

> 提示：可以设置修改工作簿的结构和窗口的权限密码。在功能区的"审阅"选项卡上的"更改"组中，单击"保护工作簿"按钮，在打开的下拉菜单中选择"保护结构和窗口"命令。

10. 保存员工档案表

（1）选择"文件"选项卡上的"保存"命令或单击快速访问工具栏上的"保存"按钮 ，弹出"另存为"对话框。

（2）在"文件名"文本框中输入"员工档案表"，"保存类型"为默认的"Excel 工作簿"，然后单击"保存"按钮即可，如图 4-1-18 所示。

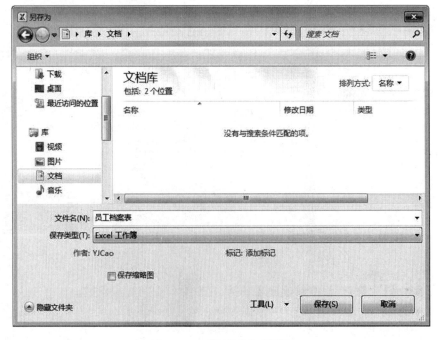

图 4-1-18　"另存为"对话框

（3）设置文件自动保存功能。选择"文件"选项卡上的"选项"命令,在弹出的对话框中选择"保存"项,如图 4-1-19 所示。在"保存自动恢复信息时间间隔"右侧的数值框中设置文件自动保存的时间间隔。

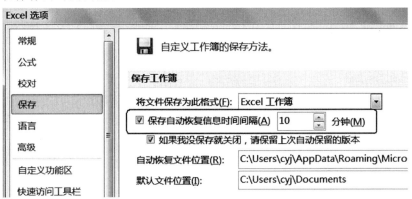

图 4-1-19　自动保存设置

【知识拓展】

1. 工作表中的数据类型

（1）文本型数据

文本型数据包含汉字、英文字母、数字、空格和特殊符号等组成。默认情况下,文本数据为左对齐。如果文本数据出现在公式中,则需用英文的双引号括起来。

（2）数值型数据

Excel 的数值数据只能含有数字、+、—、(,)、/、$、E、e。默认情况下,在单元格中数值型数据为右对齐。

（3）日期和时间的输入

日期和时间是一种特殊的数值数据。当在单元格中输入系统可识别的时间和日期型数据时,单元格的格式就会自动转换为相应的"时间"或者"日期"格式,而不需要去设定该单元格为"日期"或"时间"格式。

2. 工作表中数据输入方法

（1）在单元格中输入数据:用鼠标选定单元格,直接在其中输入数据后按 Enter 键确认。

（2）在编辑栏中输入数据:用鼠标选定单元格,单击"编辑栏"定位插入点后输入数据,确认输入无误,单击"输入"按钮 或按 Enter 键。

（3）如果要输入分数,如 12 3/5,在整数和分数之间应有一个空格,当分数小于 1 时,要写成 03/5,否则会被 Excel 识别为日期 3 月 5 日。如果要输入一个负数,需要在数值前加上一个负号或加圆括号()。如(100)或 −100 表示"−100"。

3. 工作表中数据清除

在编辑工作表的过程中,有时只需要删除某个单元格或单元格区域的信息(如内容、格式或批注等),而保留单元格的位置,这时应执行"清除"命令。

特别要强调在工作表上"清除"命令与"删除"命令的区别。删除一个单元格或单元格区域,就要将其右侧或下方的数据移动过来,填补因删除而造成的空白;而清除则是对单元格内部的数据(或格式、批注)等进行删除,单元格仍然保留。

若要清除单元格中的数据,可选择"开始"选项卡"编辑"组中"清除"按钮,在打开的下拉菜单中选择相应的命令即可。

4. 单元格的相关操作

(1)选定单元格

方法一:鼠标指针移至需选定的单元格上,单击该单元格即被选定为当前单元格。

方法二:在单元格名称栏中输入单元格地址,单元格指针可直接定位到该单元格。

(2)重命名单元格或单元格区域

方法一:选定单元格或单元格区域,在名称框中输入新的名称,按 Enter 键即可。

方法二:右击选定的单元格或单元格区域,在弹出的快捷菜单中选择"定义名称"命令。在打开的"新建名称"对话框中输入新的名称,单击"确定"按钮。

(3)插入行、列与单元格

单击"开始"选项卡"单元格"组的"插入"命令,选择其下的"行"、"列"、"单元格"可进行行、列与单元格的插入,选择的行数或列数即是插入的行数或列数。

(4)删除行、列与单元格

选定要删除的行或列或单元格,选择"单元格"组的"删除"命令,即可完成行或列或单元格的删除,此时单元格内容和单元格都被删除,其位置由周围的单元格补充。若按 Delete 键,将仅删除单元格的内容,空白单元格或行或列则仍保留在工作表中。

5. 工作表的相关操作

Excel 允许对多张工作表同时进行编辑,即在单元格中输入的内容会同时显示在其余被选定的工作表中相同的单元格内。要选定多个相邻工作表,首先单击要选定的第一张工作表的标签,按住 Shift 键,再单击最后一张工作表标签;要选定多个不相邻工作表,单击要选定的第一张工作表标签,按住 Ctrl 键,然后依次单击其余要选定的工作表即可。

对于不需要或多余的行或列,可单击"开始"选项卡上"单元格"组中"删除"按钮,在打开的列表中选择"删除工作表行"或"删除工作表列"命令即可。或选择"删除单元格"命令,在弹出的"删除"对话框中选择"右侧单元格左移"或"下方单元格上移"单选项。

如果不希望工作表中的某行或某列重要数据被其他用户看到,可将其隐藏。在需要隐藏的行号或列标上单击右键,在弹出的快捷菜单中选择"隐藏"命令即可。

6. 自动填充序列数据和自定义填充序列

在工作表中填充序列数据,可使用"开始"选项卡→"编辑"组→"填充"按钮里的下拉列表中"系列"项完成。序列类型包括等差序列、等比序列、日期、自动填充类型。可以将经常使用而又带有某种规律性或顺序相对固定的文本,设定为自定义数据序列,以后只需输入数据序列的其中一个数据,再利用拖动填充柄的方式实现数据序列填充。

任务 4.2　美化公司费用统计表

【任务解析】

在 Excel 2010 中，系统提供了大量格式化工作表的功能。用户可以使用这些功能对工作表进行修饰，例如设置表格边框、表格背景和应用条件格式等，从而达到美化的效果，使工作表条理更加清晰，便于阅读。本任务就是对公司费用统计表使用格式化功能进行美化，效果如图 4-2-1 所示。

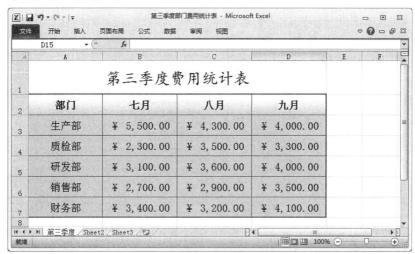

图 4-2-1　第三季度费用统计表

【知识要点】

☞ 自定义填充序列
☞ 设置单元格边框和底纹
☞ 套用表格样式
☞ 应用条件格式

【任务实施】

1. 自动填充表格数据

（1）合并 A1:D1 单元格，输入标题"第三季度费用统计表"。在 A2 单元格中输入"部门"。B2 单元格中输入"七月"。选定 B2 单元格，拖动填充柄至 D2 单元格，则在 C2 和 D2 单元格中分别显示八月和九月。

> 提示：除了自动填充序列功能，也可以将经常使用的固定文本设定为自定义数据序列，以后只需输入数据序列的其中一个数据，再利用拖动填充柄的方式实现数据序列填充。例如将工作表中的"生产部、质检部、研发部、销售部和财务部"定义为填充序列。

（2）在 A3：A7 单元格区域中依次输入"生产部、质检部、研发部、销售部和财务部"，并将它们所在的单元格区域选中，如图 4-2-2 所示。选择"文件"选项卡，在弹出的对话框中单击"高级"项，在"常规"类别中单击"编辑自定义列表"按钮，如图 4-2-3 所示。

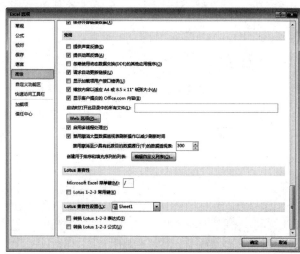

图 4-2-2　选定区域　　　　　　图 4-2-3　"Excel 选项"对话框

（3）在打开的"自定义序列"对话框中单击"导入"按钮，选定单元格区域的文本自动排列在"输入序列"栏中，如图 4-2-4 所示。单击"确定"按钮，完成自定义序列。

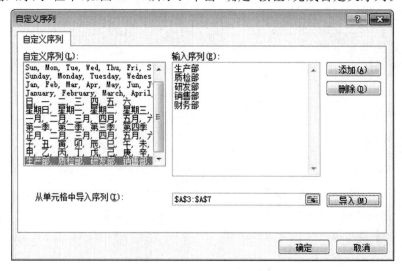

图 4-2-4　添加自定义序列

> **提示**：自定义序列的另外一种方法是打开"自定义序列"对话框后，直接在"输入序列"栏中输入要定义序列的数据项。输入每个数据项后按 Enter 键换行，或用英文标点符号中的","分隔，输入完毕，单击"添加"按钮即可。

2. 输入各部门费用

（1）选中单元格区域 B3:D7，单击"开始"选项卡→"数字"组→"会计数字格式"按钮 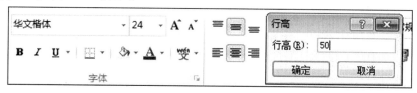。在单元格 B3 中输入"5500"，按 Enter 键，即可显示带有货币符号的数据。在相应单元格中输入其余费用值。

（2）将工作表标签名称改为"第三季度"，并以"第三季度部门费用统计表.xlsx"为文件名保存此工作簿文件。

3. 单元格格式设置

对工作表进行格式化设置，首先要设置单元格格式，主要使用功能区与"设置单元格格式"对话框进行设置。

（1）选中标题单元格 A1，单击"开始"选项卡→"单元格"组→"格式"按钮，在下拉列表中选择"行高"。打开"行高"对话框，设置行高为 50。在"字体"组中设置字体为华文楷体，字号为 24，如图 4-2-5 所示。

图 4-2-5　设置标题格式

（2）选中 A2:D7 单元格区域，设置行高为 30，列宽为 18，字体为宋体，字号 16。单击"开始"选项卡→"对齐方式"组→"居中"按钮，设置文字在单元格中为居中对齐方式，如图 4-2-6 所示。

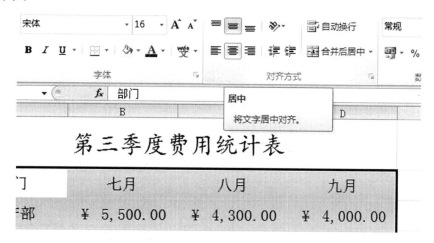

图 4-2-6　设置居中对齐方式

（3）选中 A2:D2 单元格区域，单击"字体"组中的"加粗"按钮，设置字形为粗体，如图
4-2-7 所示。

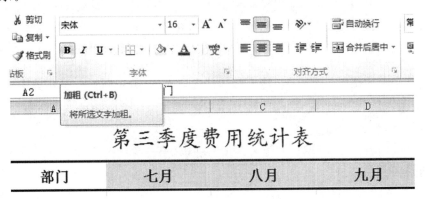

图 4-2-7　设置字体加粗格式

4. 设置表格背景色和边框线

在 Excel 中制作电子表格，用户可以给单元格设置边框和底纹，这样会使一些数据突
出显示，从而更加美观。

（1）在 A2:D2 单元格区域上右击，在弹出的快捷菜单中选择"设置单元格格式"。在
打开的对话框中单击"填充"选项卡，如图 4-2-8 所示。

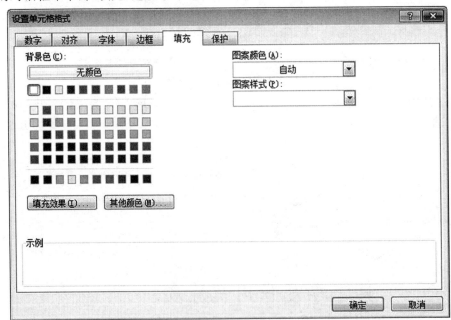

图 4-2-8　填充选项卡

（2）单击"填充效果"按钮，弹出"填充效果"对话框，在此对话框中设置渐变的颜色和
底纹样式。颜色 1 为白色，颜色 2 为橙色，强调文字颜色 6，淡色 60%，底纹样式为水平，
如图 4-2-9 所示。

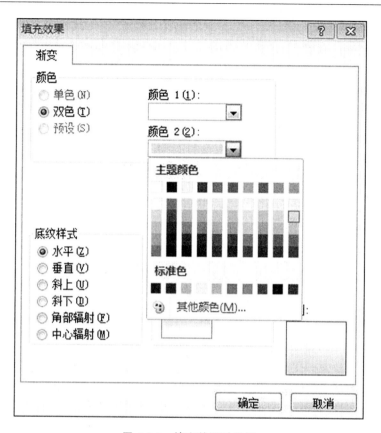

图 4-2-9　填充效果对话框

（3）选中 A3:D7 单元格区域，设置背景填充色为橙色，强调文字颜色 6，淡色 60%。

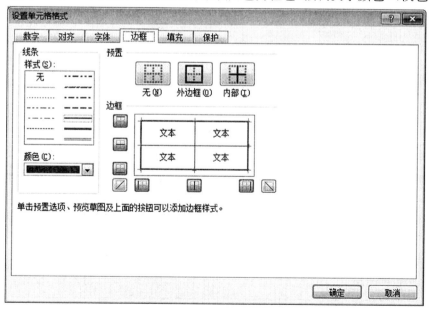

图 4-2-10　边框选项卡

(4) 选中 A2:D7 单元格区域,打开"设置单元格格式"对话框,单击"边框"选项卡,在其中为表格设置边框的样式、颜色等,如图 4-2-10 所示。表格格式设置完成后如图 4-2-11 所示。

图 4-2-11　格式设置完成效果图

提示:虽然 Excel 的单元格本来就是以网格线形式显示的,但默认情况下不能被打印出来。若要打印时显示边框,则要进行表格边框的设置;或在"页面布局"选项卡上选中网络线"打印"复选框,使打印时显示出来网格线,如图 4-2-12 所示。

图 4-2-12　设置打印网络线

5. 为表格套用内置样式

Excel 2010 提供了内置样式,为单元格及整个表格定义了填充色、边框、字体等。如果希望工作表更美观,却又不想浪费太多的时间进行手动设置格式,可利用 Excel 2010 提供的套用表格格式功能直接调用系统中已经设置好的表格格式,这样不仅可以提高工作效率,还可以保证表格的质量。

(1) 设置表格标题的样式

选中标题单元格 A1,单击"开始"选项卡→"样式"组→"单元格样式"按钮,在下拉列表中选择"标题"样式,如图 4-2-13 所示。

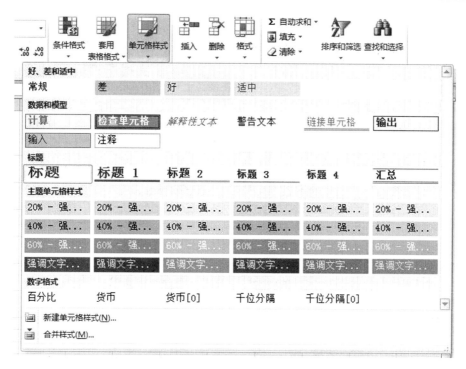

图 4-2-13　单元格样式

（2）取消表格背景色和边框线

　　要给表格套用表样式，就要先取消之前设置过的背景色和边框线。选中 A2:D7 单元格区域，再单击"开始"选项卡→"字体"组→"填充颜色"下拉按钮，在列表中选择"无填充颜色"，如图 4-2-14 所示。接着单击"边框"下拉按钮，在列表中选择"无框线"，如图 4-2-15 所示。

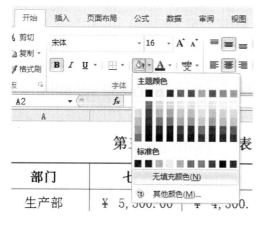

图 4-2-14　取消背景色

图 4-2-15　取消表格边框线

（3）设置表格正文样式

　　选择 A2:D7 单元格区域，再单击"开始"选项卡→"样式"组→"套用表格格式"按钮，在下拉列表中选择"表样式中等深浅 26"样式，如图 4-2-16 所示。

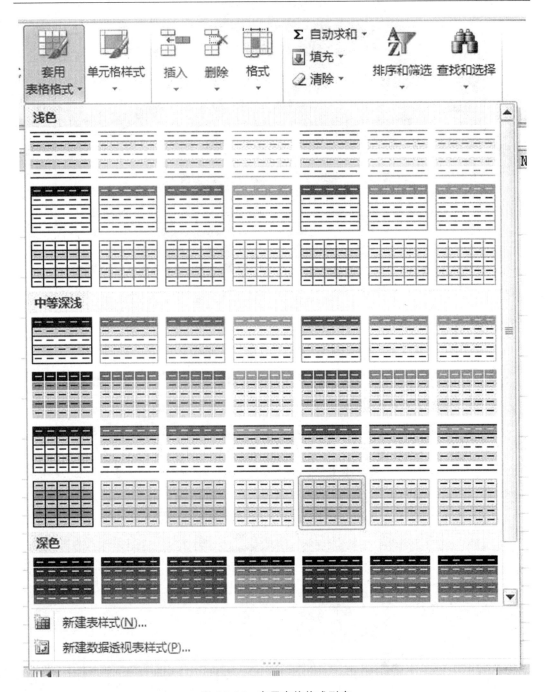

图 4-2-16　套用表格格式列表

　　在打开的"套用表格格式"对话框中设置套用样式的区域。因为已选择了套用范围，则可直接单击"确定"按钮。套用样式效果如图 4-2-17 所示。

	A	B	C	D
1	第三季度费用统计表			
2	部门	七月	八月	九月
3	生产部	￥ 5,500.00	￥ 4,300.00	￥ 4,000.00
4	质检部	￥ 2,300.00	￥ 3,500.00	￥ 3,300.00
5	研发部	￥ 3,100.00	￥ 3,600.00	￥ 4,000.00
6	销售部	￥ 2,700.00	￥ 2,900.00	￥ 3,500.00
7	财务部	￥ 3,400.00	￥ 3,200.00	￥ 4,100.00

图 4-2-17　套用样式效果

> **提示：**套用表格样式后将激活表工具的"设计"选项卡，在该选项卡中可根据需要修改表样式，并设置表样式选项等。而且在选择的单元格区域的第一行列标签的右侧将显示下拉按钮，单击该按钮可筛选相应的数据。

6. 应用条件格式

设置条件格式可以用来根据用户设置的条件赋予一些单元格不同的样式。

(1) 设置费用最高数据的单元格背景为浅红填充色

选定数据区域 B3：D7，单击"开始"选项卡→"样式"组→"条件格式"按钮。在"条件格式"列表中选择"项目选取规则"，在打开的子列表中选择"值最大的 10 项"，如图 4-2-18 所示。

在弹出的"10 个最大的项"对话框中设置需要显示的项目数为 1，格式为浅红色填充（图 4-2-19）。单击"确定"按钮，则将费用最高的数据突出显示。

图 4-2-18　"条件格式"选项　　　　**图 4-2-19　突出显示最高数据**

（2）突出显示低于 3000 的数据

首先选定数据区域 B3：D7，在"条件格式"列表中选择"突出显示单元格规则"，在打开的子列表中选择"小于…"，如图 4-2-20 所示。

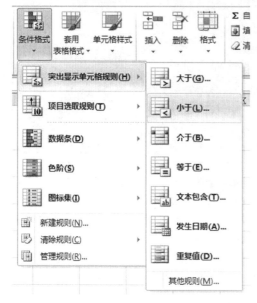

图 4-2-20　突出显示单元格规则　　　　　图 4-2-21　"小于"对话框

在弹出的"小于"对话框左侧文本框中输入"3000"。单击"设置为"右侧的下拉按钮，在打开的列表中选"绿填充色深绿色文本"项，如图 4-2-21 所示。则将数据区域中低于 3000 的值以深绿色显示，背景填充色为绿色。最终效果如图 4-2-22 所示。

	A	B	C	D
1	第三季度费用统计表			
2	部门	七月	八月	九月
3	生产部	¥ 5,500.00	¥ 4,300.00	¥ 4,000.00
4	质检部	¥ 2,300.00	¥ 3,500.00	¥ 3,300.00
5	研发部	¥ 3,100.00	¥ 3,600.00	¥ 4,000.00
6	销售部	¥ 2,700.00	¥ 2,900.00	¥ 3,500.00
7	财务部	¥ 3,400.00	¥ 3,200.00	¥ 4,100.00
8				

图 4-2-22　应用条件格式

【知识拓展】

1. 单元格格式设置

对工作表进行格式化设置，首先要设置单元格格式，主要使用功能区与"设置单元格格式"对话框进行设置。

（1）设置字体格式

通过浮动工具栏设置；通过"字体"组设置；通过对话框设置。

在"字体"组的右下角单击"对话框启动器"按钮，将弹出"设置单元格格式"对话框，在"字体"选项卡中可详细设置字体格式。

（2）设置对齐方式

在 Excel 单元格中的文本默认为左对齐，数字为右对齐。为了保证工作表中数据的整齐性，可在"对齐方式"组或在"设置单元格格式"对话框的"对齐方式"选项卡中重新设置其格式。

其中水平对齐有 8 种方式：常规、靠左（缩进）、居中、靠右（缩进）、填充、两端对齐、跨列居中和分散对齐（缩进）；垂直对齐有 5 种方式：靠上、居中、靠下、两端对齐和分散对齐。

如果需要在单元格内换行，可以单击"对齐方式"组中的"自动换行"按钮，将单元格不能完全显示的文本通过多行完全显示出来；也可以手工换行，按下键盘上的【Alt＋Enter】组合键即可。

（3）设置单元格边框和底纹

在 Excel 2010 中，边框是用来区分单元格的网格线，默认情况下边框为灰色细线。如果不作修改，打印的表格无边框效果。通过"设置单元格格式"对话框的"边框"选项卡可对单元格或单元格区域的边框进行详细设置；"填充"选项卡可设置底纹。

2．套用表格格式

样式是单元格字体、字号、对齐、边框等一个或多个设置特性的组合，将这样的组合加以命名和保存供用户使用。应用样式即应用样式名的所有格式设置。单击"开始"选项卡"样式"组中"单元格样式"按钮或"套用表格格式"按钮，在打开的下拉列表中选择所需样式即可。

3．设置条件格式

条件格式可以对含有数值或其他内容的单元格或者含有公式的单元格应用某种条件来决定数据的显示格式。要对单元格或区域应用条件格式，首先选定单元格，然后使用"开始"选项卡"样式"组中"条件格式"下拉列表中的某个命令来指定规则。选择"开始"选项卡→"编辑"组→"清除"→"清除格式"命令，可删除表中所有条件格式。

"条件格式"中的规则类型：

（1）突出显示单元格规则

可突出显示大于某一值、介于两个值之间、包含某文字或重复值等。

（2）项目选取规则

可突出显示前 10 项、后 10 项，以及高于或低于平均值的项等。

（3）数据条

根据单元格值的比例直接在单元格中应用图形条。数据条的长度代表单元格中的值。数据条越长，表示值越高，数据条越短，表示值越低。如果要观察大量数据中较高的值和较低的值时，数据条比较适用。

（4）色阶

根据单元格值的比例应用背景颜色。适用于观察数据的分布和变化。有双色刻度和三色刻度,用颜色的深浅来表示值的高低。

(5)图标集

在单元格中显示各类图标,图标的图案根据单元格值而定。使用图标集可以直观的判断数据的范围。

任务 4.3 制作学生成绩表

【任务解析】

Excel 2010 的一个重要的功能就是可以对用户输入的数据进行计算,该功能是通过用户自定义公式或使用 Excel 内置函数来实现的。本任务是制作一份学生成绩表,并使用公式和函数来求出每位学生的总成绩和平均分,以及按学生成绩排名次。最后设置好打印格式,将学生成绩表打印出来,效果如图 4-3-1 所示。

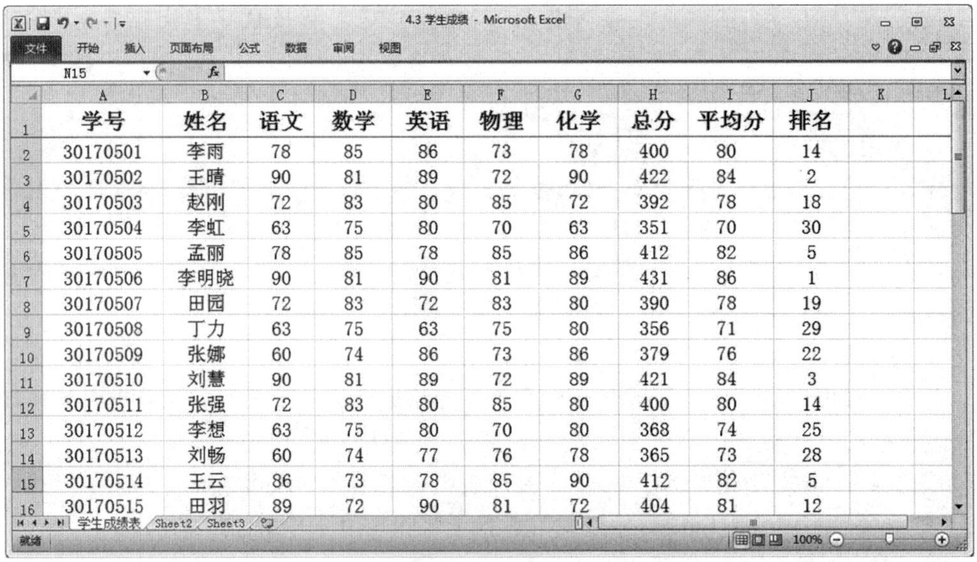

图 4-3-1　学生成绩表

【知识要点】

☞ 数据查找和替换

☞ 运算符类型

☞ 拆分与冻结窗口

☞ 绝对引用、相对引用

☞ 常用函数

☞ 保护工作表

☞ 工作表的打印

【任务实施】

1. 输入学生成绩

（1）新建一个空白工作簿，在 A1:J1 单元格区域中依次输入学号、姓名、语文等对应的字段名称，工作表名称更改为学生成绩表，如图 4-3-1 所示。

（2）在 A2 单元格中输入"30170501"，拖动 A2 单元格右下角的填充柄（填充柄是指当前单元格粗边框的右下角的小黑方块）至 A31 单元格，这时 Excel 会自动复制 A2 单元格内容填充到所选单元格区域，如图 4-3-2 所示。在填充序列完成后，会出现一个"自动填充选项"智能标记，单击该标记右侧的下拉按钮，在打开的列表框中选择"填充序列"，如图 4-3-3 所示。

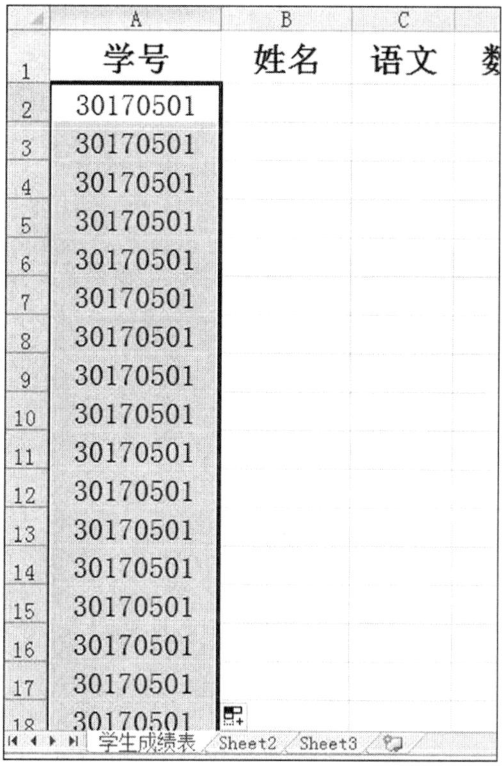

图 4-3-2　自动填充数据

图 4-3-3　设置"填充序列"

（3）在对应单元格中输入姓名和各单科成绩，如图 4-3-4 和 4-3-5 所示。

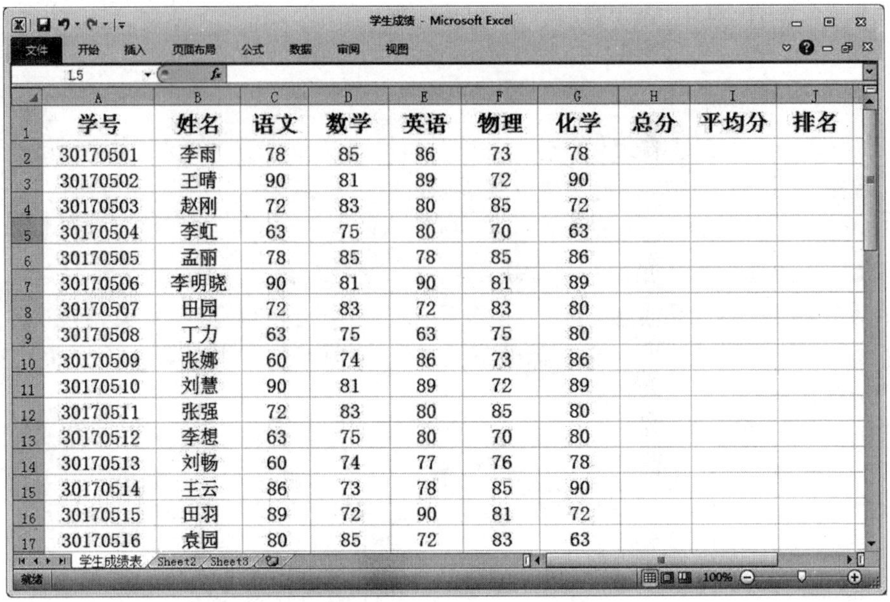

图 4-3-4　前 16 位同学的单科成绩

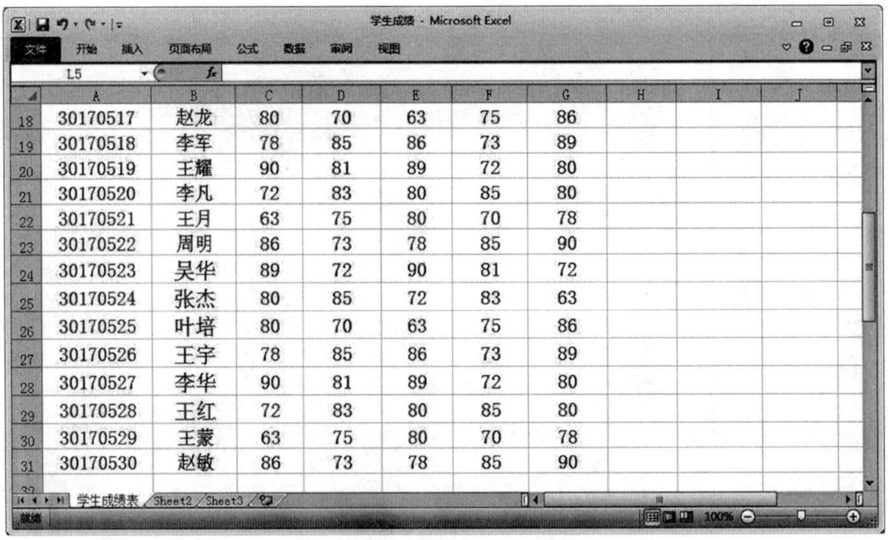

图 4-3-5　后 14 位同学的单科成绩

2. 修改学生成绩

Excel 2010 提供了查找和替换功能,可以快速定位到满足查找条件的单元格,并能方便地将单元格中的数据替换为需要的数据,从而提高工作效率。下面将利用查找功能修改李华和王红同学的语文成绩。

(1) 单击"开始"选项卡→"编辑"组→"查找和选择"按钮,在打开的下拉菜单中选择"查找",或者按【Ctrl＋F】组合键,打开"查找和替换"对话框。

(2) 在对话框上的"查找内容"文本框中输入"李华",然后单击"查找下一个"按钮,如图 4-3-6 所示。Excel 将自动查找指定的内容,并选中其所在单元格。

图 4-3-6　设置查找内容

提示:单击该对话框中的"选项"按钮,将打开设置选项,如图 4-3-7 所示,可以对要查找的文本的格式以及大小写等进行设置。

(3)李华所在单元格被选中,将其语文成绩修改为 96。同样方法查找王红同学,并将其语文成绩修改为 65。

图 4-3-7　查找中的设置选项

3. 冻结首行

单击"视图"选项卡→"窗口"组→"冻结窗格"按钮。在打开的下拉列表中选择"冻结首行",如图 4-3-8 所示。这时拖动窗口右边的垂直滚动条,行标题会一直显示。

图 4-3-8　冻结首行

> **提示：**在编辑工作表时，由于有的工作表内容过宽或过长，使当前窗口不能全部显示工作表中的内容。虽然可用滚动条来滚动显示，但因标题已被滚动，常常无法明确地看到某单元格所代表的具体含义。利用 Excel 提供的拆分窗口与冻结窗口功能，则可以解决这个问题。

4. 使用函数求出每位同学的总分

（1）选择 H2 单元格，单击"开始"选项卡→"编辑"组→"自动求和"按钮。系统自动对该行有数值的单元格进行计算，并显示出公式，如图 4-3-9 所示。所选单元格区域 C2:G2 正是要计算求总成绩的区域，不需要修改，直接按 Enter 键确认即可，如图 4-3-10 所示。

学号	姓名	语文	数学	英语	物理	化学	总分	平均分	排名
30170501	李雨	78	85	86	73		=SUM(C2:G2)		
30170502	王晴	90	81	89	72	90			
30170503	赵刚	72	83	80	85	72			
30170504	李虹	63	75	80	70	63			
30170505	孟丽	78	85	78	85	86			

图 4-3-9　显示求和函数

学号	姓名	语文	数学	英语	物理	化学	总分	平均分	排名
30170501	李雨	78	85	86	73	78	400		
30170502	王晴	90	81	89	72	90			
30170503	赵刚	72	83	80	85	72			
30170504	李虹	63	75	80	70	63			
30170505	孟丽	78	85	78	85	86			

图 4-3-10　计算出李雨的总分

> **提示：**函数或公式输入完成后按 Enter 键或者鼠标单击其他单元格即可，此时单元格内显示的是使用函数或公式计算后的结果。而所用函数或公式则在编辑栏中显示。

（2）再次选中 H3 单元格，拖动其填充柄至 H31 单元格，即可复制 H2 单元格函数（此函数中引用的单元格为相对引用）到所选单元格，如图 4-3-11 所示。

学号	姓名	语文	数学	英语	物理	化学	总分	平均分	排名
30170522	周明	86	73	78	85	90	412		
30170523	吴华	89	72	90	81	72	404		
30170524	张杰	80	85	72	83	63	383		
30170525	叶培	80	70	63	75	86	374		
30170526	王宇	78	85	86	73	89	411		
30170527	李华	96	81	89	72	80	418		
30170528	王红	65	83	80	85	80	393		
30170529	王蒙	63	75	80	70	78	366		
30170530	赵敏	86	73	78	85	90	412		

图 4-3-11　求出其余学生总分

> 提示：单元格引用：引用的作用在于标识工作表上的单元格或区域，并指明公式中所使用的数据的位置。通过引用，可以在公式中使用工作表不同部分的数据，或者在多个公式中使用同一个单元格的数值。还可以引用同一个工作簿中不同工作表上的单元格（如公式＝Sheet1！B1）和其他工作簿中的数据。通常，单元格的引用分为相对引用、绝对引用和混合引用。
>
> 　　默认情况下，Excel 2010 使用的是相对引用。相对引用是指在公式中直接使用单元格或区域的地址。当复制相对引用的公式时，被粘贴公式中的引用将被更新，并指向与当前公式位置相对应的其他单元格。

5. 使用函数求出每位同学的平均分

（1）选择 I2 单元格，单击"求和"右侧的下拉按钮，如图 4-3-12 所示。在打开的下拉列表中选择"平均值"命令，系统自动对该行有数值的单元格进行计算，并显示出公式，如图 4-3-13 所示。

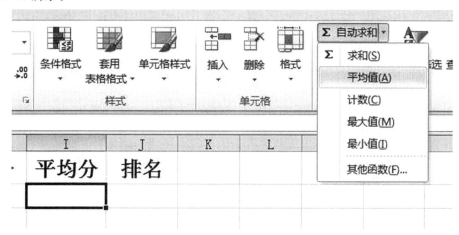

图 4-3-12　"自动求和"下拉列表

学号	姓名	语文	数学	英语	物理	化学	总分	平均分	排名	K
30170501	李雨	78	85	86	73	78	=AVERAGE(C2:H2)			
30170502	王晴	90	81	89	72	90	422			
30170503	赵刚	72	83	80	85	72	392			
30170504	李虹	63	75	80	70	63	351			
30170505	孟丽	78	85	78	85	86	412			
30170506	李明晓	90	81	90	81	89	431			

图 4-3-13　自动显示出的平均值公式

（2）选择 C2：G2 单元格区域，修改函数参数，如图 4-3-14 所示，按 Enter 键确认。再次选择 I2 单元格，拖动填充柄至 I31 单元格，即可计算出其余学生的平均分。设置 I2：I31 单元格区域为数值型格式（不保留小数位）。

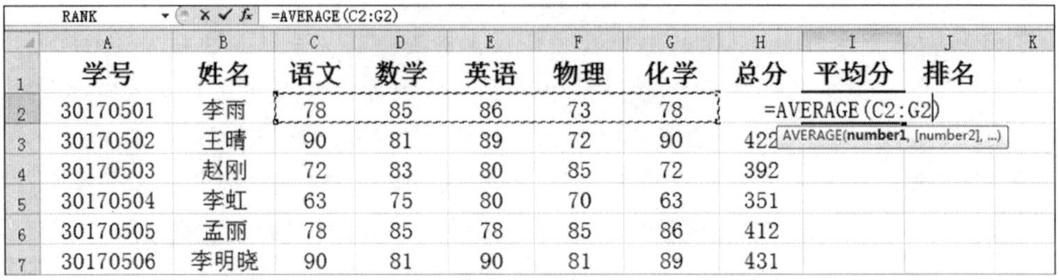

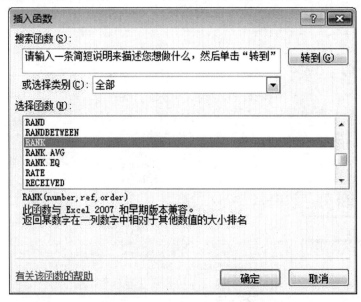

	A	B	C	D	E	F	G	H	I	J	K
1	学号	姓名	语文	数学	英语	物理	化学	总分	平均分	排名	
2	30170501	李雨	78	85	86	73	78		=AVERAGE(C2:G2)		
3	30170502	王晴	90	81	89	72	90	422			
4	30170503	赵刚	72	83	80	85	72	392			
5	30170504	李虹	63	75	80	70	63	351			
6	30170505	孟丽	78	85	78	85	86	412			
7	30170506	李明晓	90	81	90	81	89	431			

图 4-3-14　修改数值区域后的平均值公式

6．对学生成绩进行排名

（1）选择 J2 单元格，单击"公式"选项卡→"函数库"组→"插入函数"按钮。在弹出的"插入函数"对话框中，单击"或选择类别"右侧的下拉按钮，在打开的列表中选择"全部"，然后在"选择函数"列表框中选择"RANK"函数，单击"确定"按钮，如图 4-3-15 所示。

图 4-3-15　选择 RANK 函数

（2）在打开的"函数参数"对话框中，单击"Number"文本框右边的 按钮。然后用鼠标在工作表上选择 H2 单元格，如图 4-3-16 所示。选择好后再次单击该按钮 ，返回原始对话框。

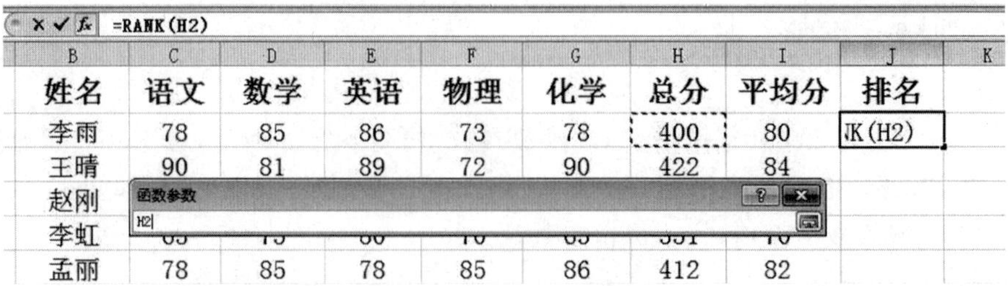

图 4-3-16　设置 Number 参数

（3）参数"Ref"指的是一组数或对一个数据列表的引用，在学生成绩表中是指所有学生的总分这组数据。在"Ref"栏中输入"＄H＄2：＄H＄31"（这里单元格区域 H2：H31 为绝对引用），如图 4-3-17 所示。

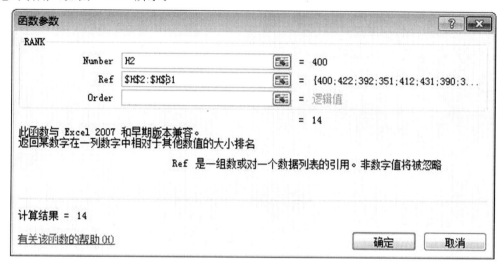

图 4-3-17　设置 Ref 参数

> **提示：** 绝对引用是指在引用的单元格地址的行和列的标号前加上在英文状态下输入的符号"＄"，称为绝对引用，如"＄A＄1"。当把公式复制或移动到新位置后，引用的单元格地址保持不变。
>
> 　　引用的单元格地址既有相对引用也有绝对引用，这样的应用称为"混合引用"。如＄A1、B＄3 等形式。如果公式所在单元格的位置改变，则相对引用改变，而绝对引用不变。

（4）参数"Order"是指按升序或降序进行排序。如果值为"0"或忽略不填写则为降序；非零值为升序。通常学生成绩排序都是降序，因此可以忽略不填写。最后单击"确定"按钮，则在 J2 单元格中显示出排名为"14"，如图 4-3-18 所示。

	J2	▼	fx	=RANK(H2,$H$2:$H$31)					
	A	B	C	D	E	F	G	H	I	J
1	学号	姓名	语文	数学	英语	物理	化学	总分	平均分	排名
2	30170501	李雨	78	85	86	73	78	400	80	14
3	30170502	王晴	90	81	89	72	90	422	84	
4	30170503	赵刚	72	83	80	85	72	392	78	
5	30170504	李虹	63	75	80	70	63	351	70	

图 4-3-18　求出第一位学生名次

（5）用拖动填充柄的方法将该公式复制到同列的其他单元格中，求出其余学生的名次。

7. 保护工作表

通过设置密码保护工作表，可以防止他人对工作表中的数据进行修改。

（1）单击"审阅"选项卡→"更改"组→"保护工作表"按钮，打开"保护工作表"对话框，在"取消工作表保护时使用的密码"文本框中输入密码,如图 4-3-19 所示。

(2) 单击"确定"按钮,弹出"确认密码"对话框,然后在此对话框中再次输入密码即可完成工作表的保护,如图 4-3-20 所示。

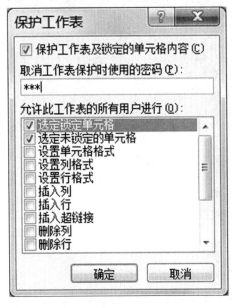

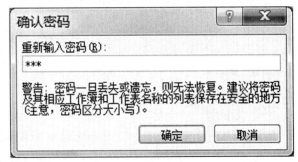

图 4-3-19 保护工作表   图 4-3-20 确认密码

(3) 如果要修改工作表中的任意单元格,系统会弹出工作表已保护的提示信息。单击"审阅"选项卡→"更改"组→"撤消工作表保护"按钮(图 4-3-21),在打开的对话框中输入设定的密码,单击"确定"按钮即可完成撤消保护,如图 4-3-22 所示。

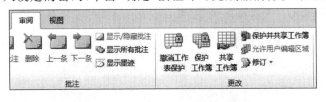

图 4-3-21 "撤消工作表保护"按钮   图 4-3-22 输入撤消保护密码

8. 打印工作表

在打印工作表之前需要对工作表进行页面设置,使打印效果更加美观。

(1) 表格添加边框线。选中 A1:J31 单元格区域,单击"开始"选项卡→"字体"组→"边框"右边的下拉按钮,在打开的列表中选择"所有框线",如图 4-3-23 所示。

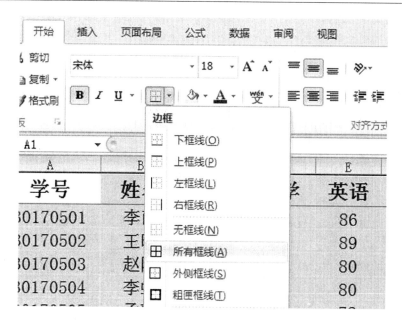

图 4-3-23　设置边框线

　　（2）设置纸张大小和方向。切换到"页面布局"选项卡，单击"纸张方向"按钮，在打开的列表中选择"横向"命令。再设置"纸张大小"为 A4 纸。

　　（3）单击"打印标题"按钮，弹出"页面设置"对话框。在"顶端标题行"选项中设标题区域为 $1:$1，如图 4-3-24 所示。

图 4-3-24　设置顶端标题行

图 4-3-25　设置页眉/页脚

　　（4）设置页眉和页脚。单击"页面设置"对话框上的"页眉/页脚"选项卡，在"页眉"和"页脚"下拉列表中分别选择合适的样式（内置样式），单击"确定"按钮，如图 4-3-25 所示。

提示:强制分页打印。若对打印预览的效果不满意,可将工作表的内容进行强制分页打印,通过插入分页符,对表格内容进行强制分页。首先选中需要插入分页符的行,单击"页面布局"选项卡"页面设置"组中的"分隔符"按钮,在弹出的下拉菜单中选择"插入分页符"命令即可。在所选行与上一行的交界处将显示分页标志虚线,表示分页成功。

(5)打印预览。选择"文件"选项卡的"打印"命令,或按【Ctrl+F2】组合键,查看打印预览效果,如图 4-3-26 和 4-3-27 所示。若对预览效果较满意,则打印出工作表。将此工作簿以"学生成绩表.xlsx"为文件名来进行保存。

学号	姓名	语文	数学	英语	物理	化学	总分	平均分	排名
30170501	李雨	78	85	86	73	78	400	80	14
30170502	王晴	90	81	89	72	90	422	84	2
30170503	赵刚	72	83	80	85	72	392	78	18
30170504	李虹	63	75	80	70	63	351	70	30
30170505	孟丽	78	85	78	85	86	412	82	5
30170506	李明晓	90	81	90	81	89	431	86	1
30170507	田园	72	83	72	83	80	390	78	19
30170508	丁力	63	75	63	75	80	356	71	29
30170509	张娜	60	74	86	73	86	379	76	22
30170510	刘慧	90	81	89	72	89	421	84	3
30170511	张强	72	83	80	85	80	400	80	14
30170512	李想	63	75	80	70	80	368	74	25
30170513	刘畅	60	74	77	76	78	365	73	28
30170514	王云	86	73	78	85	90	412	82	5
30170515	田羽	89	72	90	81	72	404	81	12
30170516	袁园	80	85	72	83	63	383	77	20
30170517	赵龙	80	70	63	75	86	374	75	23
30170518	李军	78	85	86	73	89	411	82	10
30170519	王耀	90	81	89	72	80	412	82	5
30170520	李凡	72	83	80	85	80	400	80	14

第 1 页, 共 2 页

图 4-3-26　预览第 1 页内容

学号	姓名	语文	数学	英语	物理	化学	总分	平均分	排名
30170521	王月	63	75	80	70	78	366	73	26
30170522	周明	86	73	78	85	90	412	82	5
30170523	吴华	89	72	90	81	72	404	81	12
30170524	张杰	80	85	72	83	63	383	77	20
30170525	叶培	80	70	63	75	86	374	75	23
30170526	王宇	78	85	86	73	89	411	82	10
30170527	李华	96	81	89	72	80	418	84	4
30170528	王红	65	83	80	85	80	393	79	17
30170529	王蒙	63	75	80	70	78	366	73	26
30170530	赵敏	86	73	78	85	90	412	82	5

第 2 页, 共 2 页

图 4-3-27　预览第 2 页内容

【知识拓展】

1. 公式

公式是用户根据数据的统计、处理和分析的需要，以等号"＝"开头，利用函数、常量以及引用等参数，通过运算符号连接起来，完成用户实际需求的计算功能的一种表达式。

(1) 公式的形式

公式的一般形式为：＝＜表达式＞

表达式可以是算术表达式、关系表达式和字符串表达式等，表达式可由运算符、常量、单元格地址、函数及括号等组成，但不能含有空格，公式中＜表达式＞前面必须有"＝"号。

(2) 运算符的类型

① 算术运算符：算术运算符可以完成基本的数学计算，即加、减、乘、除等，用以连接数据并产生数字结果。

加号"＋"：用于实现加法运算。

减号"－"：用于实现减法运算。

星号"＊"：用于实现乘法运算。

正斜杠"/"：用于实现除法运算。

百分号"％"：用于实现百分比转换。

脱字号"^"：用于实现幂运算。

② 比较运算符：用于比较两个数值的大小。Excel 中使用的比较运算符有 6 个：＝(等于)、＜(小于)、＞(大于)、＜＝(小于等于)、＞＝(大于等于)、＜＞(不等于)。比较运算符的结果为逻辑值 TRUE(真)或 FALSE(假)。

③ 文本运算符：Excel 的文本运算符只有一个用于连接文字的符号 &。

例如：公式＝"年度"&"销售"，结果：年度销售。

又如：B1 中的数值为 89，则公式＝"The Number is "&B1，结果：The Number is 89。

④ 引用运算符：用于对单元格区域进行合并计算，有以下三种类型。

冒号：为区域运算符，生成对两个引用之间和本身的所有单元格的引用。

逗号：为联合运算符，合并多个单元格区域引用。

空格：为交叉运算符，生成对两个引用共同的单元格的引用。

(3) 运算符的优先级

如果公式中包含多个运算符，Excel 将按下面的优先级顺序进行运算。优先级按从高到低的顺序依次为：冒号"："、空格、逗号"，"、负数"－"、百分比"％"、乘方"^"、乘号"＊"或除号"/"、加号"＋"或减号"－"、连字符"&"、比较运算符"＝、＜、＞、＜＝、＞＝、＜＞"。

2. 单元格引用

引用的作用在于标识工作表上的单元格或区域，并指明公式中所使用的数据的位置。通常，单元格的引用分为相对引用、绝对引用和混合引用。默认情况下，Excel 2010 使用的是相对引用。

(1) 相对引用：是指在公式中直接使用单元格或区域的地址。当复制相对引用的公式时，被粘贴公式的引用将被更新，并指向与当前公式位置相对应的其他单元格。

(2) 绝对引用:在引用的单元格地址的行和列的标号前加上英文符号"＄",称为绝对引用,如"＄B＄4"。当把公式复制或移动到新位置后,引用的单元格地址保持不变。

(3) 混合引用:引用的单元格地址既有相对引用也有绝对引用,这样的引用称为"混合引用"。如＄A1、B＄3等形式。如果公式所在单元格的位置改变,则相对引用改变,而绝对引用不变。

(4) 跨工作表的单元格地址引用:用户可以引用当前或其他工作簿中的一个或多个工作表。例如"=\[Book2.xlsx\]Sheet1! A3+C5"表示对当前工作表中的 C5 单元格和 Book2 工作簿中的 Sheet1 工作表上的 A3 单元格内容求和。

3. 函数

在 Excel 表格中输入函数式时,必须先输入"="号,这个"="号通常称之为函数式的标识符。紧跟在函数标识符后面的一个英文单词就是函数名称,用来表明函数要执行的运算。大多数函数名称是对应的英文单词的缩写,如最大值函数为"Max",其英文单词为"maximum"。在函数名称后面,紧跟着一对半角圆括号"()",被括起来的内容就是函数的参数。

(1) 在 Excel 2007 中输入函数式的方法

① 使用快捷按钮输入

对于一些常用的函数式,如求和(SUM)、平均值(AVERAGE)、计数(COUNT)等,可以利用"开始"选项卡"编辑"组中"自动求和"快捷按钮来实现输入。

② 通过函数向导输入

使用函数向导法输入函数是通过"插入函数"对话框实现的,步骤如下:

选中需要输入函数表达式的单元格。

切换到"公式"选项卡,单击"函数库"组中的"插入函数"按钮,打开"插入函数"对话框,单击"或选择类别"右侧的下拉按钮,在打开的下拉列表中选择需要的函数类别,然后在"选择函数"列表框中选择需要的函数。单击"确定"按钮,在打开的"函数参数"对话框中单击按钮,然后用鼠标在工作表上选择需要进行运算的单元格区域,选择好后再次单击该按钮,单击"确定"按钮,关闭对话框即可。

③ 直接输入

若用户对函数式比较熟悉,可以直接在单元格或编辑栏中输入函数表达式,输入完成后,按下 Enter 键即可。如直接输入"=SUM(C3:F3)",即计算单元格区域 C3:F3 中数值的和。

(2) 常用函数

① SUM 函数。SUM 函数的用法为 SUM(X1,X2,…,X10),其功能为求 X1 至 X10 中各个参数的和,这里的参数可以是常数,例如,SUM(2,8)表示计算 2 和 8 的和,即:2+8;也可以是单元格或单元格区域的引用,例如,SUM(A3,B6)表示计算 A3 和 B6 单元格中数据的和,而 SUM(A1:A10)表示计算单元格区域 A1 至 A10 内所有单元格中数据的和。

② MAX 和 MIN 函数。MAX 函数的用法为 MAX(A1,A2,B3),其功能为求 A1、A2 和 B3 单元格内数据的最大值。MIN 函数的用法为 MIN(A1,A2,B3),其功能为求

A1、A2 和 B3 单元格内数据的最小值。

③ AVERAGE 函数。AVERAGE 函数的用法为 AVERAGE(A1,A2,B3),其功能是求 A1、A2 和 B3 单元格内数据的平均值。

④ COUNT 和 COUNTIF 函数。COUNT 函数的用法是 COUNT(X1,X2,X3,…,X10),其功能是统计 X1 至 X10 中数据的个数,其中 X1,X2,X3,…,X10 可以是单元格或单元格区域的引用。COUNTIF 函数的用法是 COUNTIF(条件数据区域,条件),其功能是统计条件数据区域中满足指定条件的单元格的个数。

4. 设置打印区域

如果每次打印某个工作表时,都只需要打印其中的一个固定区域,则每次打印时设置打印区域很麻烦,此时可以先设置打印区域,以避免一些重复的操作。

首先选中需要设置为打印区域的单元格区域,然后在"页面布局"选项卡的"页面设置"组中单击"打印区域"按钮,在弹出的下拉菜单中单击"设置打印区域"命令。进行上述操作后,每次执行打印时,打印出来的都为指定的区域。

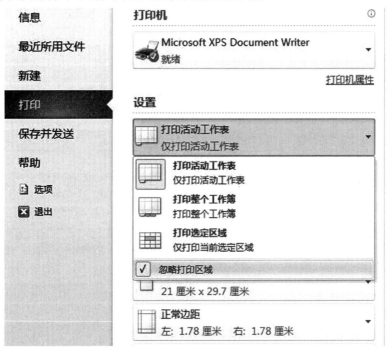

图 4-3-28　设置"忽略打印区域"

若要取消打印区域的设置,则选中指定区域,再次单击"打印区域"按钮,在弹出的下拉菜单中选择"取消打印区域"按钮即可。若想在不取消打印区域设置的情况下正常打印工作表,可在"打印内容"对话框中勾选"忽略打印区域"复选框(图 4-3-28),然后再执行打印操作。

任务 4.4 设计图书管理分析表

【任务解析】

Excel2010 不仅可以对数据进行各种计算,还可以对数据进行统计、分析与大规模数据的处理,包括数据排序、数据筛选与分类汇总等操作。本任务是制作一份关于图书订购的管理分析表,对订购的书按总价进行排序,并按相应条件筛选,最后使用分类汇总功能得出每种类别书的总价,图书管理分析表原始数据如图 4-4-1 所示。

购入日期	书名	类别	数量	单价	总价
1月4日	操作系统原理	计算机	30	￥35.00	￥ 1,050.00
1月4日	C语言程序设计	计算机	10	￥28.00	￥ 280.00
1月7日	雨季不再来	文艺	20	￥22.00	￥ 440.00
1月10日	图形图像设计	计算机	10	￥45.00	￥ 450.00
1月10日	名人传记	政治	25	￥30.00	￥ 750.00
1月10日	通信原理	工业技术	30	￥40.00	￥ 1,200.00
1月15日	安徒生童话	文艺	15	￥18.00	￥ 270.00
1月15日	抗战大事记	政治	20	￥24.00	￥ 480.00
1月22日	计算机网络	计算机	60	￥38.00	￥ 2,280.00
1月22日	第二次世界大战战史	政治	50	￥21.00	￥ 1,050.00
1月24日	半导体物理与器件	工业技术	25	￥34.00	￥ 850.00
1月24日	机械设计手册	工业技术	10	￥30.00	￥ 300.00
1月24日	计算机安全实战	计算机	40	￥45.00	￥ 1,800.00
1月27日	密码学基础教程	计算机	20	￥40.00	￥ 800.00

图 4-4-1 一月份购书单

【知识要点】

☞ 数据的排序
☞ 数据的自动筛选和高级筛选
☞ 数据的分类汇总
☞ 创建数据透视表

【任务实施】

Excel 可以按照数据库的管理方式对以数据清单形式存放的工作表进行各种排序、筛选、分类汇总、统计和建立数据透视表等操作。数据清单是指包含一组相关数据的一系列工作表数据行,它由标题行(表头)和数据部分组成。数据清单中的行相当于数据库中的记录,行标题相当于记录名;数据清单中的列相当于数据库中的字段,列标题相当于字段名。

1. 建立图书管理分析工作簿

(1) 新建一个工作簿。将 sheet1 工作表名称更改为"一月份购书单"。在此工作表中输入购书信息,建立图书管理数据清单。在 A1:F1 单元格区域内依次输入购入日期、书名、类别等列标题,并在列标题的下方单元格中输入相关信息,如图 4-4-1 所示。其中类别用数据有效性设置,总价=数量×单价。

(2) 利用"数据有效性"输入类别(图 4-4-2)。首先选中 C2:C15 单元格区域,然后在"数据有效性"对话框的"设置"选项卡中,选择数据有效性类型为序列。在来源文本框中输入序列"计算机,文艺,政治,工业技术",注意逗号要以英文格式输入,如图 4-4-3 所示。设置好数据来源后,单击"确定"按钮即可。最后在列标题"类别"下方单元格中直接选择对应的类别。

图 4-4-2　"数据有效性"按钮

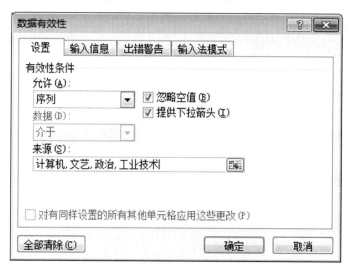

图 4-4-3　数据来源设置

(3) 设置工作表中字体类型,字号大小,单元格格式。其中"购入日期"列设为日期格式,"单价"和"总价"列是货币格式。以"图书管理分析表.xlsx"为文件名保存此工作簿。

2. 对总价进行排序

数据排序是指将一列或多列无序的数据按照一定规律进行分析与整理,使其变成有序的数据,便于管理。Excel 2010 提供了自动排序的功能,用户可以将数据按数字顺序、日期顺序、拼音顺序等进行自动排序,也可以自定义排序。

(1)选中数据区域中的任意一个单元格。单击"数据"选项卡→"排序和筛选"组→"排序"按钮,弹出"排序"对话框,如图4-4-4所示。

图 4-4-4 设置排序条件

提示:数据的排序可分为单列排序和多列排序。单列排序是指对工作表的一列单元格中的数据进行排列,直接单击"数据"选项卡"排序和筛选"组中的"升序"或"降序"按钮即可;在多列单元格中进行排序时,需要以多个数据进行排列,该数据称为关键字。

还可按单元格中字体和填充的不同颜色进行排序,或者按单元格数值使用的不同图标进行排序。在"排序"对话框的排序依据中选择"单元格颜色"、"字体颜色"或"单元格图标"中的任意一项即可。

(2)在对话框中,主要关键字设为"总价",排序依据设为"数值",次序设为"升序"。单击"添加条件"按钮,添加次要关键字,设置为"单价",排序依据设为"数值",次序设为"升序",如图4-4-4所示。单击"确定"按钮,排序结果如图4-4-5所示。

	A	B	C	D	E	F	G
1	购入日期	书名	类别	数量	单价	总价	
2	1月15日	安徒生童话	文艺	15	¥ 18.00	¥ 270.00	
3	1月4日	C语言程序设计	计算机	10	¥ 28.00	¥ 280.00	
4	1月24日	机械设计手册	工业技术	10	¥ 30.00	¥ 300.00	
5	1月7日	雨季不再来	文艺	20	¥ 22.00	¥ 440.00	
6	1月10日	图形图像设计	计算机	10	¥ 45.00	¥ 450.00	
7	1月15日	抗战大事记	政治	20	¥ 24.00	¥ 480.00	
8	1月10日	名人传记	政治	25	¥ 30.00	¥ 750.00	
9	1月27日	密码学基础教程	计算机	20	¥ 40.00	¥ 800.00	
10	1月24日	半导体物理与器件	工业技术	25	¥ 34.00	¥ 850.00	
11	1月22日	第二次世界大战战史	政治	50	¥ 21.00	¥ 1,050.00	
12	1月4日	操作系统原理	计算机	30	¥ 35.00	¥ 1,050.00	
13	1月10日	通信原理	工业技术	30	¥ 40.00	¥ 1,200.00	
14	1月24日	计算机安全实战	计算机	40	¥ 45.00	¥ 1,800.00	
15	1月22日	计算机网络	计算机	60	¥ 38.00	¥ 2,280.00	
16							

图 4-4-5 排序结果显示

提示：在 Excel 中还可根据自己的需要创建序列,其方法为:输入需要排序的内容,并选择这些单元格,单击"排序"按钮,在打开的"排序"对话框的"主要关键字"下拉列表框中选择相应的列标,在"次序"下拉列表中选择"自定义序列"选项,在打开的"自定义序列"对话框中,建立好新序列,返回"排序"对话框,单击"确定"按钮即可按照新序列的排序方式对数据进行排序。

3. 筛选出类别为"计算机"的购书数据

(1) 选中表中的任意单元格,单击"数据"选项卡→"排序和筛选"组→"筛选"按钮 。在表头的各字段名称右侧将出现一个下拉按钮 。如图 4-4-6 所示。

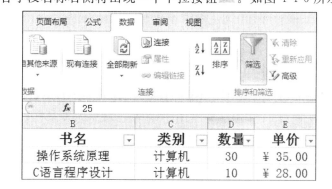

图 4-4-6   选中筛选按钮

(2) 单击"类别"字段右侧的下拉按钮,如图 4-4-7 所示。在打开的下拉列表中选"计算机",则把所有类别为"计算机"的数据筛选出来,如图 4-4-8 所示。其余数据被隐藏,此时"筛选"按钮为选中状态。要显示所有数据,再次单击为选中状态的"筛选"按钮即可。

图 4-4-7   对类别进行筛选

	A	B	C	D	E	F
1	购入日期▾	书名 ▾	类别 ▾	数量▾	单价 ▾	总价 ▾
2	1月4日	操作系统原理	计算机	30	￥ 35.00	￥ 1,050.00
3	1月4日	C语言程序设计	计算机	10	￥ 28.00	￥ 280.00
5	1月10日	图形图像设计	计算机	10	￥ 45.00	￥ 450.00
10	1月22日	计算机网络	计算机	60	￥ 38.00	￥ 2,280.00
14	1月24日	计算机安全实战	计算机	40	￥ 45.00	￥ 1,800.00
15	1月27日	密码学基础教程	计算机	20	￥ 40.00	￥ 800.00

图 4-4-8 类别为计算机的筛选结果

> 提示：在 Excel 2010 中，使用软件的数据筛选功能，可以快速而又方便地查找和使用工作表中的数据。除了使用"筛选"按钮，也可以使用鼠标右键单击需要进行筛选的单元格，在弹出的快捷菜单中选择"筛选"→"按所选单元格值筛选"选项，进行简单的数据筛选。

4. 使用高级筛选功能查看单价大于 30 且数量大于 20 的购书数据

使用高级筛选功能可以筛选出具有两个或两个以上约束条件的数据，筛选条件有"与"和"或"两种关系。"单价大于 30 且数量大于 20"即为"与"关系，两个条件要同时满足。

（1）在数据表下方某空白单元格区域内输入筛选条件，如在 C18 单元格内输入"单价"，在 C19 单元格内输入"＞30"，在 D18 单元格内输入"数量"，在 D19 单元格内输入"＞20"（筛选条件的输入位置格式要注意，"＞30"和"＞20"一定要在同一行中输入），如图 4-4-9 所示。

12	1月24日	机械设计手册	工业技术	10	￥ 30.00	￥ 300.00
13	1月24日	半导体物理与器件	工业技术	25	￥ 34.00	￥ 850.00
14	1月24日	计算机安全实战	计算机	40	￥ 45.00	￥ 1,800.00
15	1月27日	密码学基础教程	计算机	20	￥ 40.00	￥ 800.00
16						
17						
18		高级筛选条件	单价	数量		
19			>30	>20		

|◀ ◀ ▶ ▶|一月份购书单 / Sheet2 / Sheet3 /

图 4-4-9 设置高级筛选条件

（2）选中整个数据区域 A1:F15，单击"数据"选项卡→"排序和筛选"组→"高级"按钮，打开"高级筛选"对话框，如图 4-4-10 所示。

图 4-4-10　"高级"按钮　　　　　　　　　图 4-4-11　高级筛选对话框设置

（3）在"条件区域"框中输入（或鼠标选择）刚才设置的条件区域 C18：D19（图 4-4-11），单击"确定"按钮完成设置。则显示出单价大于 30 且数量大于 20 的购书数据，如图 4-4-12 所示。

	A	B	C	D	E	F
1	购入日期	书名	类别	数量	单价	总价
3	1月4日	操作系统原理	计算机	30	¥ 35.00	¥　1,050.00
7	1月10日	通信原理	工业技术	30	¥ 40.00	¥　1,200.00
11	1月22日	计算机网络	计算机	60	¥ 38.00	¥　2,280.00
13	1月24日	半导体物理与器件	工业技术	25	¥ 34.00	850.00
14	1月24日	计算机安全实战	计算机	40	¥ 45.00	¥　1,800.00
16						
17						
18			单价	数量		
19			>30	>20		

图 4-4-12　高级筛选结果

> 提示：使用高级筛选功能时，首先应建立一个条件区域，条件区域的第一行是筛选条件的标题名，该标题名应与数据清单中的标题名相同。筛选条件的格式要注意，为"与"关系的条件要在同一行的对应列中输入；为"或"关系的条件要在不同行中来输入。若要清除筛选结果，单击"排序和筛选"组中的"清除"按钮，即可将所有被隐藏数据都显示出来。

5. 使用自定义筛选功能显示 1 月上旬的购书记录

（1）选中表中的任意单元格，单击"数据"选项卡→"排序和筛选"组→"筛选"按钮。单击"购入日期"列标题右侧的下拉按钮，在打开的列表中执行"日期筛选"→"在以下日期之前"命令，打开"自定义自动筛选方式"对话框。

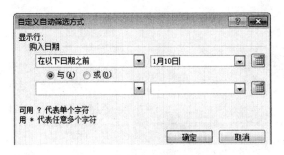

图 4-4-13　筛选方式对话框

（2）在对话框中第 1 排条件选项右侧的列表框中选择"1 月 10 日"，如图 4-4-13 所示。筛选结果如图 4-4-14 所示。

	A	B	C	D	E	F
1	购入日期	书名	类别	数量	单价	总价
2	1月4日	C语言程序设计	计算机	10	￥ 28.00	￥　280.00
3	1月4日	操作系统原理	计算机	30	￥ 35.00	￥　1,050.00
4	1月7日	雨季不再来	文艺	20	￥ 22.00	￥　440.00
16						

图 4-4-14　自定义筛选结果

6. 使用分类汇总功能统计各图书类别的总价和

数据的分类汇总是指当工作表中的记录越来越多，且出现相同类别的记录时，相同项目的记录被集合在一起，分门别类地进行汇总。利用该功能，用户可更直观地查看表格中的数据信息。在创建分类汇总之前，应先对需要分类汇总的数据进行排序。

（1）对类别字段进行排序。选中类别列中的任一单元格，单击"数据"选项卡→"排序和筛选"组→"升序"按钮，对类别字段进行排序。

（2）选中数据区域中任意单元格，单击"数据"选项卡→"分级显示"组→"分类汇总"按钮，打开"分类汇总"对话框，如图 4-4-15 所示。

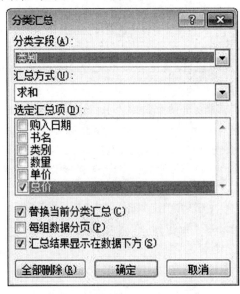

图 4-4-15　"分类汇总"对话框

（3）在其中的"分类字段"中选择"类别"，"汇总方式"为"求和"，"选定汇总项"为"总价"即可。分类汇总完成后，效果如图 4-4-16 所示。

1 2 3		A	B	C	D	E	F	G
	1	购入日期	书名	类别	数量	单价	总价	
	2	1月24日	机械设计手册	工业技术	10	¥ 30.00	¥　　300.00	
	3	1月24日	半导体物理与器件	工业技术	25	¥ 34.00	¥　　850.00	
	4	1月10日	通信原理	工业技术	30	¥ 40.00	¥　1,200.00	
	5			工业技术 汇总			¥　2,350.00	
	6	1月4日	C语言程序设计	计算机	10	¥ 28.00	¥　　280.00	
	7	1月10日	图形图像设计	计算机	10	¥ 45.00	¥　　450.00	
	8	1月27日	密码学基础教程	计算机	20	¥ 40.00	¥　　800.00	
	9	1月4日	操作系统原理	计算机	30	¥ 35.00	¥　1,050.00	
	10	1月24日	计算机安全实战	计算机	40	¥ 45.00	¥　1,800.00	
	11	1月22日	计算机网络	计算机	60	¥ 38.00	¥　2,280.00	
	12			计算机 汇总			¥　6,660.00	
	13	1月15日	安徒生童话	文艺	15	¥ 18.00	¥　　270.00	
	14	1月7日	雨季不再来	文艺	20	¥ 22.00	¥　　440.00	
	15			文艺 汇总			¥　　710.00	
	16	1月15日	抗战大事记	政治	20	¥ 24.00	¥　　480.00	
	17	1月10日	名人传记	政治	25	¥ 30.00	¥　　750.00	
	18	1月22日	第二次世界大战战史	政治	50	¥ 21.00	¥　1,050.00	
	19			政治 汇总			¥　2,280.00	
	20			总计			¥ 12,000.00	
	21							
	22							

图 4-4-16　分类汇总结果

提示：为了方便查看数据，在对数据进行分类汇总后，在工作表的左侧有 3 个显示不同级别分类汇总的按钮 **1**、**2** 和 **3**，单击它们可显示分类汇总和总计的汇总。单击 **＋** 和 **－** 按钮可以显示或隐藏单个分类汇总的明细行。

（4）在工作表左侧选中"分级"工具条 **1 2 3** 上的数字"2"，把明细数据全部隐藏起来，只显示出分类汇总后的汇总数据行，如图 4-4-17 所示。

图 4-4-17　隐藏明细数据

　　（5）选中单元格区域 D1:E20，单击"开始"选项卡→"单元格"组→"格式"按钮，在打开的下拉列表中选择"隐藏列"命令。

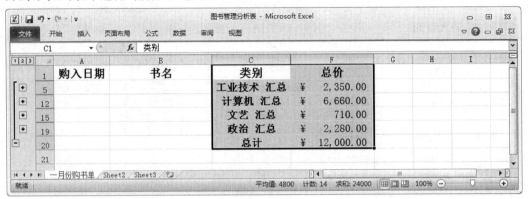

图 4-4-18　选中数据区域

　　（6）选中汇总的总价区域 C1:F20，如图 4-4-18 所示。单击"开始"选项卡→"编辑"组→"查找和选择"按钮，在打开的下拉列表中选择"定位条件"选项，如图 4-4-19 所示。在打开的对话框中选择"可见单元格"选项，单击"确定"按钮，如图 4-4-20 所示。

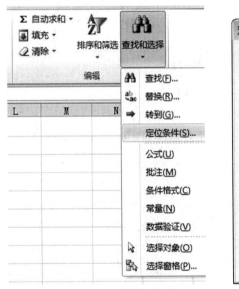

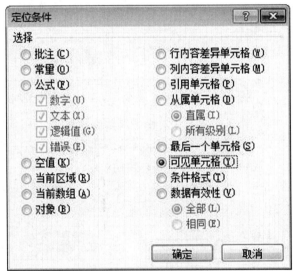

图 4-4-19　"查找和选择"列表　　　　　　图 4-4-20　"定位条件"对话框

　　（7）单击"开始"选项卡上的"复制"按钮，切换到 Sheet2 工作表。选中 A1 单元格，然后执行粘贴操作。将原工作表中的每个类别的总价数据保存在 Sheet2 工作表中，如图 4-4-21所示。

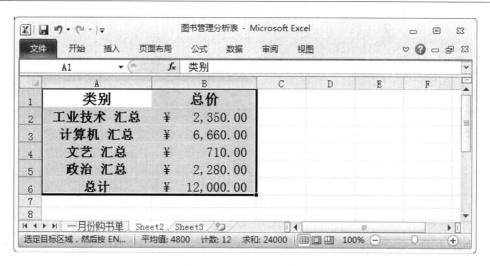

图 4-4-21　保存汇总数据

（8）删除分类汇总结果。切换到一月份购书单工作表，选中分类汇总数据列表中的任意一个单元格，选择"数据"→"分类汇总"命令，重新打开"分类汇总"对话框。在"分类汇总"对话框中单击"全部删除"按钮即可清除分类汇总。

7. 创建数据透视表

数据透视表是一种可以快速汇总大量数据的交互式方法。如在分析汇总值，尤其是合计较大的数字列表，并对每个数字进行多种比较时，通常需要使用数据透视表。

（1）选中购书单中的任意一个单元格。单击"插入"选项卡→"表格"组→"数据透视表"按钮，打开"创建数据透视表"对话框。在"请选择要分析的数据"选项组中选择需要分析的数据区域，在"选择放置数据透视表的位置"为"新工作表"，如图 4-4-22 所示。

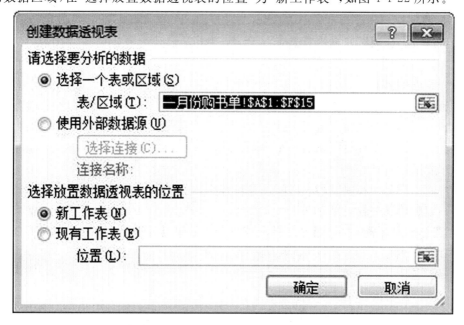

图 4-4-22　创建数据透视表

（2）此时进入"数据透视表"编辑状态，在窗口右侧的"数据透视表字段列表"窗格中将所需字段拖拉到下面对应的标签框中即可。将"购入日期"拖到"报表筛选"区域中，"类别"放到"列标签"里，"书名"放到"行标签"里，"总价"为求和项放在"数值"区域中，如图4-4-23 所示。

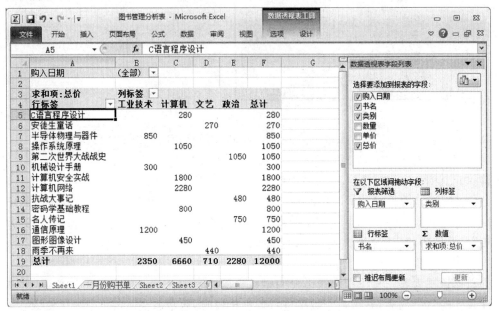

图 4-4-23　数据透视表

【知识拓展】

1. 数据排序

按照一定的规则对数据进行重新排列，便于浏览或为进一步处理做准备（如分类汇总）。

（1）多条件排序

对工作表的数据清单进行排序是根据选择的"关键字"字段内容按升序或降序进行的，Excel 会给出两个关键字，分别是"主要关键字"、"次要关键字"，用户可根据需要添加和选取。也可以按用户自定义的数字排序。

（2）按颜色和图标排序

按单元格中字体和填充的不同颜色进行排序，或者按单元格数值使用的不同图标进行排序。以按单元格颜色排序来说明方法。

① 选择数据区域中的任意一个单元格，打开"排序"对话框。

② 设置排序关键字，并将"排序依据"设置为"单元格颜色选项"，然后在"次序"中设置单元格颜色。

③ 单击"复制条件"按钮，添加条件，并设置好颜色。

重复以上操作，设置好其他条件后，单击"确定"按钮，即可按设置的颜色条件进行排序。

（3）自定义排序

可根据自己的需要创建序列，其方法为：输入定义排序的内容，并选择这些单元格，单击"排序"按钮，在打开的"排序"对话框的"主要关键字"下拉列表框中选择相应的列标，在"次序"下拉列表中选择"自定义序列"选项，在打开的"自定义序列"对话框中选择"新序列"选项，然后在右边的文本框中输入新序列的名称，单击"添加"按钮，此时新序列将出现在序列的列表中，单击"确定"按钮，返回"排序"对话框，单击"确定"按钮即可按照此排序方式对单元格中的数据进行排序。

2. 数据筛选

在工作表的数据清单中快速查找具有特定条件的记录。对于多字段条件的筛选要使用高级筛选方式。使用高级筛选功能时，首先应建立一个条件区域，条件区域的第一行是筛选条件的标题名，该标题名应与数据清单中的标题名相同。筛选条件的格式要注意，为"与"关系的条件要在同一行的对应列中输入；为"或"关系的条件要在不同行中来输入。条件区域与数据清单区域之间必须用空行隔开。

3. 数据分类汇总

对工作表中数据清单的内容进行分类，并统计同类记录的相关信息，包括求和、最大值、最小值、记数等。在创建分类汇总之前，应先根据分类汇总的数据类对数据清单进行排序。

（1）创建分类汇总

单击"数据"选项卡"分级显示"组中"分类汇总"命令可以创建分类汇总。若要对工作表中的数据进行多次分类汇总，应取消"分类汇总"对话框中"替换当前分类汇总"复选框的勾选。

（2）删除分类汇总

如果要删除已经创建的分类汇总，可在"分类汇总"对话框中单击"全部删除"按钮。

（3）显示或隐藏分类汇总数据

在对数据进行分类汇总后，在工作表的左侧有 3 个显示不同级别分类汇总的按钮①、②和③，单击它们可显示分类汇总和总计的汇总。单击 ➕ 和 ➖ 按钮可以显示或隐藏单个分类汇总的明细行。

4. 数据合并

把来自不同源数据区域的数据进行汇总，并进行合并计算。不同数据源区包括同一工作表中、同一工作簿的不同工作表中、不同工作簿中的数据区域。

5. 数据透视表

从工作表的数据清单中提取信息，它可以对数据清单进行重新布局和分类汇总，还能立即计算出结果。如在分析汇总值，尤其是合计较大的数字列表，并对每个数字进行多种比较时，通常需要使用数据透视表。

（1）方法是：单击"插入"选项卡"表"组中"数据透视表"按钮，打开"创建数据透视表"对话框。在"请选择要分析的数据"选项组中选择需要分析的数据区域，在下面的选项组中设置数据表的存放位置，设置完成后单击"确定"按钮。此时进入"数据透视表"编辑状态，在窗口右侧的"数据透视表字段列表"窗格中勾选需要统计的字段或将字段拖拉到下面对应的标签框中即可。

对于"数据透视表"中常用名词解释如下：

列标签：相当于普通数据工作表中的"列标题"。

行标签：相当于普通数据工作表中的"行标题"。

数值标签：指需要汇总的数据项目，默认情况下以"求和"方式汇总该项目。

（2）切片器

切片器是方便使用的筛选组件，它包含一组按钮，可以快速地在数据透视表中筛选所要的数据，而不需要打开下拉列表来查找要筛选的项目。在数据透视表中可同时创建多个切片器。单击切片器，然后按 Delete 键可将其删除。

任务4.5　设计企业年度支出对比图

【任务解析】

Excel 2010 有着强大的数据管理功能，可以通过 Excel 的图表功能，根据需要选择不同的图表类型，将工作表中的数据更形象、更直观地表现出来。本任务是制作一份企业近几年的年度支出对比图，效果如图 4-5-1 所示。

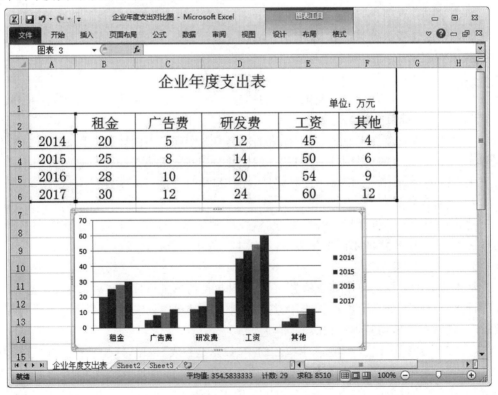

图 4-5-1　企业年度支出表

【知识要点】

☞ 创建图表

☞ 认识图表类型

☞ 设置数据系列格式

☞ 预定义图表样式

☞ 设置迷你图

【任务实施】

Excel 2010 提供了多种图表类型,包括柱状图、条形图和拆线图等,可以使用这些图表来分析工作表中的数据。

1. 制作企业年度支出对比图

(1) 合并单元格区域 A1:F1,输入标题名称"企业年度支出表"。在 A2:F6 单元格区域输入表数据,并设置单元格背景和字体格式,如图 4-5-1 所示。

(2) 选择 A2:F6 单元格区域,单击"插入"选项卡→"图表"组→"柱形图"按钮,在打开的下拉列表中选择"簇状柱形图"选项,如图 4-5-2 所示。

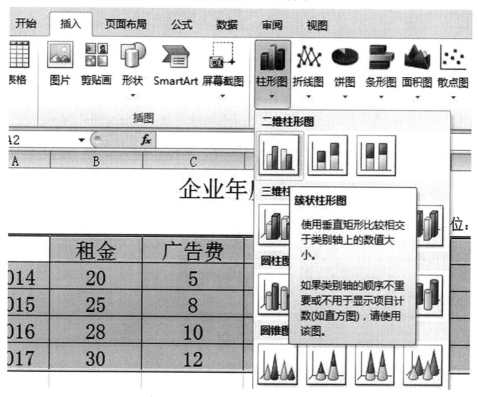

图 4-5-2　"柱形图"下拉列表

(3) 选择样式后,即可根据选择的数据表生成对应的图表,如图 4-5-3 所示。为了使图表数据显示得更清晰,并不覆盖工作表中的数据,可调整柱形图表的位置与大小。

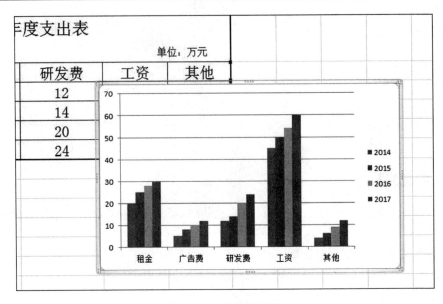

图 4-5-3　簇状柱形图

提示：柱形图用于显示一段时间内的数据变化或显示各项之间的比较情况。柱形图把每个数据点显示为一个垂直柱体，每个柱体的高度对应于数值。值的刻度显示在垂直坐标轴上，通常位于图表的左边。

（4）若对创建的图表类型不满意，可选中整个图表，选择图表工具的"设计"选项卡，在"类型"组中单击"更改图表类型"按钮，在打开的"更改图表类型"对话框中选择"簇状圆柱图"（图 4-5-4），完成后单击"确定"按钮，图表更改为圆柱图，如图 4-5-5 所示。

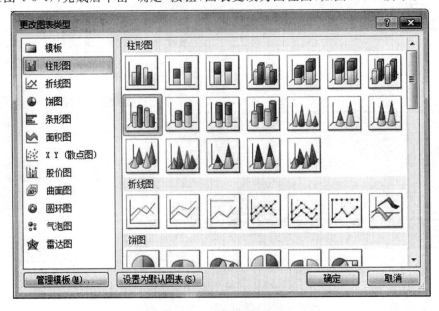

图 4-5-4　更改图表类型

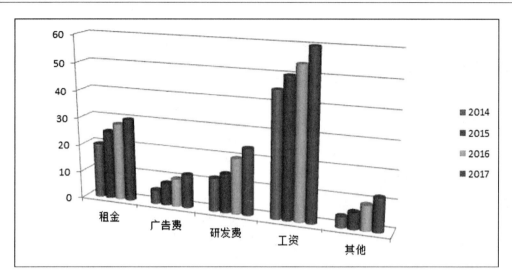

图 4-5-5 簇状圆柱图

（5）添加图表标题。选中图表，切换到"图表工具—设计"选项卡。单击"图表布局"组中的"快速布局"下拉按钮，在打开的列表中选择一种布局样式，如图 4-5-6 所示。将光标定位于标题编辑框中，输入需要的图表标题即可，如图 4-5-7 所示。

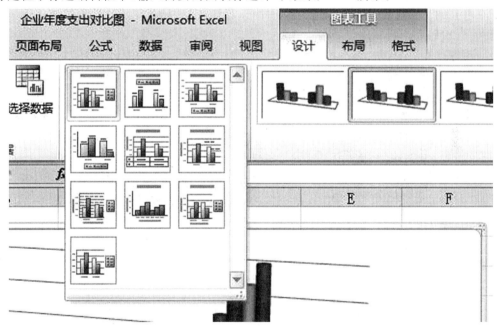

图 4-5-6 "快速布局"列表

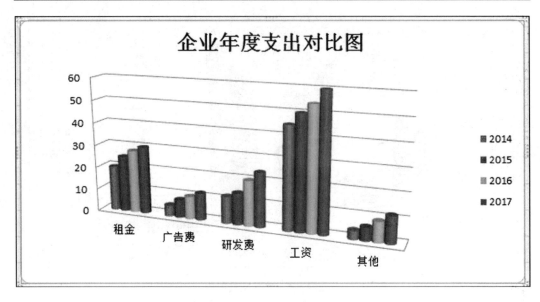

图 4-5-7　添加图表标题

（6）添加数据标签。选择需要添加数据标签的数据系列，切换到"图表工具—布局"选项卡。如果是对多个系列添加标签要选择整个图表。单击"标签"组中的"数据标签"按钮，在打开的下拉列表中选择"显示"选项即可，如图 4-5-8 所示。添加数据标签后的效果如图 4-5-9 所示。

图 4-5-8　"数据标签"按钮

图 4-5-9　添加数据标签

（7）添加坐标轴标题。切换到"图表工具-布局"选项卡，单击"坐标轴标题"按钮，选择"主要纵坐标轴标题"→"竖排标题"（图 4-5-10），在添加的竖排标题文本框中输入"金额（万元）"，如图 4-5-11 所示。

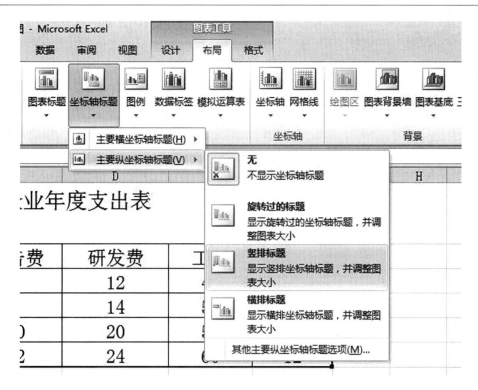

图 4-5-10 "坐标轴标题"列表

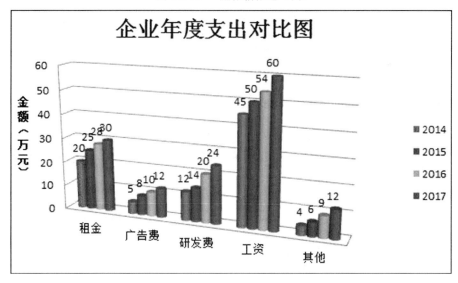

图 4-5-11 添加纵坐标轴标题

2. 制作 2017 年度费用支出比例图

(1) 同时选中单元格区域 A2:F2 和 A6:F6,选择"插入"选项卡,单击"图表"组右下角的"对话框启动器"按钮,弹出"插入图表"对话框。在此对话框中选择三维饼图,如图 4-5-12 所示。

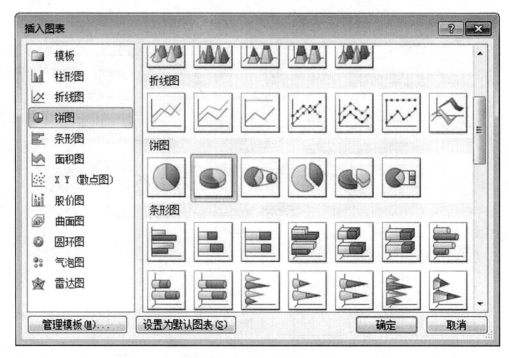

图 4-5-12　"插入图表"对话框

（2）单击"图表工具—设计"选项卡→"位置"组→"移动图表"按钮，在弹出的"移动图表"对话框中，单击"新工作表"单选框，如图 4-5-13 所示。单击"确定"按钮，关闭对话框。

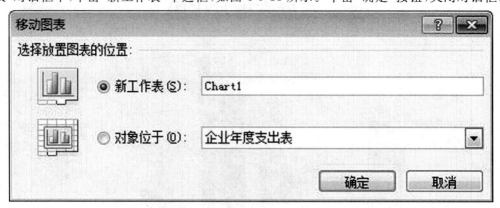

图 4-5-13　"移动图表"对话框

（3）在"图表工具－设计"选项卡的"图表样式"组中的列表框中选择预定义的"样式 26"选项，如图 4-5-14 所示。

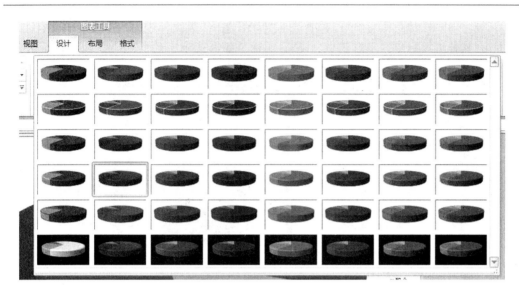

图 4-5-14　"图表样式"列表

> **提示**：饼图最适合反映单个数据在所有数据构成的总和中所占比例。饼图只能使用一个数据系列，数据点显示为整个饼图的百分比。通常，饼图中使用的值全为正数。

（4）单击"图表工具—布局"选项卡→"标签"组→"图表标题"按钮，在打开的下拉列表中选择"其他标题选项"（图 4-5-15），弹出"设置图表标题格式"对话框。在此对话框中设置"填充"项为"渐变填充"，预设颜色为"羊皮纸"，如图 4-5-16 所示。修改图表标题名称为"2017 年度费用支出比例"。

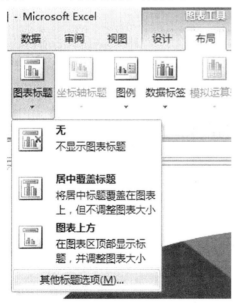

图 4-5-15　"图表标题"列表

图 4-5-16　设置图表标题格式

（5）单击"图表工具—布局"选项卡→"标签"组→"数据标签"按钮，在打开的下拉列表中选"其他数据标签选项"（图 4-5-17）。在弹出的对话框中的"标签选项"里选中"百分比"选项，标签位置为"数据标签外"，如图 4-5-18 所示。

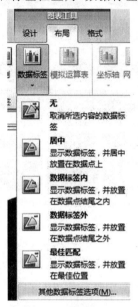

图 4-5-17　"数据标签"列表　　　　　图 4-5-18　设置数据标签格式

（6）选中图例，设置图例的字体、字号和颜色。在空白图表区中右击，在弹出的快捷菜单中选"设置图表区域格式"（图 4-5-19）。在弹出的对话框中，设置填充背景为"图片或纹理填充"项，纹理为"花束"，如图 4-5-20 所示。保存此工作簿，效果如图 4-5-21 所示。

图 4-5-19　右键菜单　　　　　图 4-5-20　设置图表区域格式

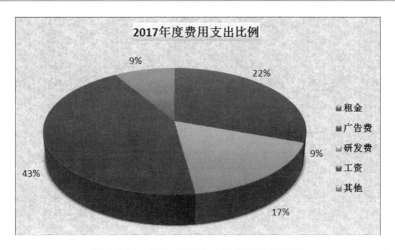

图 4-5-21　2017 年度企业费用支出比例图

3. 为 2017 年度数据创建迷你图

(1) 选中 G6 单元格,单击"插入"选项卡→"迷你图"组→"柱形图"按钮(图 4-5-22),弹出"创建迷你图"对话框。其中"数据范围"选择 B6:F6 单元格区域,"位置范围"为已选中的 G6 单元格,如图 4-5-23 所示。

图 4-5-22　柱形迷你图　　　　　　　　图 4-5-23　设置数据范围

(2) 设置完数据和位置的范围后,单击"确定"按钮,则在 G6 单元格中显示创建的 2017 年度数据迷你图。切换到"迷你图工具—设计"选项卡,选择"标记颜色"→"高点"→"橙色,强调文字颜色 6",如图 4-5-24 所示。设置高点颜色后的迷你图最终效果如图 4-5-25所示。

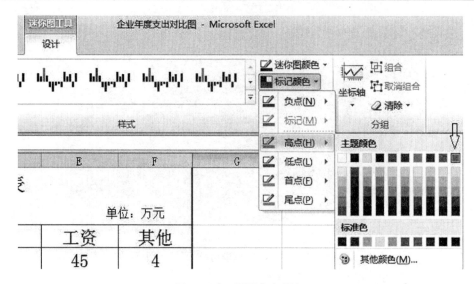

图 4-5-24　设置高点颜色

	A	B	C	D	E	F	G
1	企业年度支出表					单位：万元	
2		租金	广告费	研发费	工资	其他	
3	2014	20	5	12	45	4	
4	2015	25	8	14	50	6	
5	2016	28	10	20	54	9	
6	2017	30	12	24	60	12	

图 4-5-25　2017 年度费用数据迷你图

【知识拓展】

1. 图表类型

Excel 提供了很多图表的类型，可以根据自己的需要选择不同的图表类型。下面介绍几种常用的图表类型及其应用。

（1）柱形图：用于显示一段时间内的数据变化或显示各项之间的比较情况。柱形图把每个数据点显示为一个垂直柱体，每个柱体的高度对应于数值。值的刻度显示在垂直坐标轴上，通常位于图表的左边。

（2）折线图：可以显示随时间变化的一组连续数据的变化情况，尤其适用于显示在相等时间间隔下的数据趋势。在折线图中，类别数据沿水平轴均匀分布，所有值数据沿垂直轴均匀分布。如果分类标签是文本并且代表均匀分布的数值（如月、季度或财政年度），则应该使用折线图。

（3）饼图：最适合反映单个数据在所有数据构成的总和中所占的比例。饼图只能使用一个数据系列，数据点显示为整个饼图的百分比。通常，饼图中使用的值全为正数。

（4）条形图：实际上是顺时针旋转了 90 度的柱形图，用于显示一段时间内的数据变化或显示各项之间的比较情况。利用工作表中列或行中的数据可以绘制条形图。通常类别数据显示在纵轴上，而数值显示于横轴上。

（5）面积图：用于强调数量随时间而变化的程度，也可用于引起人们对总值趋势的注意。面积图还可以通过显示所绘制的值的总和显示部分与整体的关系。

（6）散点图：也叫 XY 图，用于显示若干数据系列中各数值之间的关系，或者将两组数据绘制为 xy 坐标的一个系列。散点图有两个数值轴，沿水平轴（x 轴）方向显示一组数值数据，沿垂直轴（y 轴）方向显示另一组数值数据。散点图将这些数值合并到单一数据点并以不均匀间隔或簇显示它们。通常用于显示和比较各数值之间的关系，例如科学数据、统计数据和工程数据。

2. 迷你图

迷你图是单元格中的一个微型图表，通常在数据旁边的单元格中显示，与 Excel 工作表中的图表不同。在单元格中输入文字时，可使用迷你图作为单元格的背景。利用迷你图可以直观清晰的表示数据的变化趋势，且占用空间小。在"迷你图工具—设计"选项卡，可修改迷你图类型、设置迷你图格式。

3. 美化图表

在创建好图表后，用户可以对图表进行美化操作即对图表格式化，包括设置图表区格式、设置图表布局或样式、设置坐标轴格式等，合理布局可使图表更加美观。

（1）选择预定义图表布局

选择"图表工具—设计"选项卡，在"图表布局"选项组中单击"快速布局"下拉按钮，然后在弹出的下拉菜单中选择需要的布局方式即可。

（2）选择预定义图表样式

在 Excel 2010 中内置了许多图表样式。切换到"图表工具—设计"选项卡，在"图表样式"组中选择合适的样式即可。

（3）手动更改图表元素的布局

若用户对预定义的图表布局不满意，可以进行手动修改。切换到"图表工具—布局"选项卡。在"标签"组中可对图表标题、坐标轴标题、图例、数据表以及数据标签等图表元素的布局进行更改；在"坐标轴"组中对坐标轴和网格线的布局进行更改；在"背景"组中设置图表背景的格式。

项目 5　PowerPoint 2010

【项目综述】

PowerPoint 2010 是微软公司设计的演示文稿软件，也是 Microsoft Office 2010 组件之一。使用 PowerPoint 2010 可以很轻松地制作出集文字、图形、图像、声音、视频于一体的感染力极强的幻灯片。它在工作汇报、企业宣传、产品推介、婚礼庆典、项目竞标、管理咨询、教育培训等领域占着举足轻重的地位。本项目将具体通过 3 个学习型任务来学习 PowerPoint 2010 演示文稿的制作、编辑、放映方法。

【学习目标】

1. 掌握创建和保存 PowerPoint 2010 演示文稿的方法
2. 掌握 PowerPoint 2010 幻灯片的基本操作
3. 掌握在幻灯片中编辑文本信息的方法
4. 掌握在幻灯片中插入各种对象的方法
5. 掌握在幻灯片中添加动画效果的方法
6. 掌握幻灯片放映方法
7. 了解幻灯片打包和发布方法

任务 5.1　制作学院简介演示文稿

【任务解析】

本任务是使用 PowerPoint 2010 来制作介绍东方职业技术学院的演示文稿，如图 5-1-1 所示。通过此任务的学习，首先认识 PowerPoint 2010 的工作界面，并掌握演示文稿的基本操作以及幻灯片的基本操作。

图 5-1-1　《东方职业技术学院简介》演示文稿

【知识要点】

☞ 创建、编辑、保存演示文稿

☞ 创建不同版式的幻灯片

☞ 设置占位符、文本的格式

☞ 插入图片、SmartArt 图形和 Excel 图表

☞ 设置应用主题

☞ 不同的视图方式浏览演示文稿

【任务实施】

1. 启动 PowerPoint 2010

PowerPoint 2010 的启动常用的方法有以下三种：

（1）单击桌面上的"开始"按钮，在弹出的"开始"菜单中选择"所有程序"→"Microsoft Office"→"Microsoft PowerPoint 2010"命令。

（2）双击桌面上的"Microsoft PowerPoint 2010"快捷方式图标。

（3）在桌面窗口中的空白区域单击鼠标右键，在弹出的快捷菜单中选择"新建"→"Microsoft PowerPoint 演示文稿"选项。

2. 新建空白演示文稿

新建空白演示文稿有两种方法：

（1）启动 PowerPoint 2010 后，自动创建一个文件名为"演示文稿 1"的新文稿。如图 5-1-2 所示。

（2）单击"空演示文稿"选项，单击"创建"按钮，将同样出现如图 5-1-2 所示的窗口。

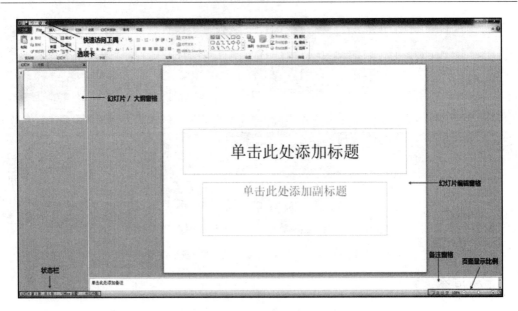

图 5-1-2　空白演示文稿

3．制作第一张幻灯片

（1）新建的演示文稿中只有一张标题幻灯片，默认版式为"标题幻灯片"。点击"单击此处添加标题"则占位符中原有字符消失，输入标题"东方职业技术学院"；接着点击"单击此处添加副标题"，输入"欢迎你的加入！"。

（2）单击标题边框，标题占位符变成实线后，即选中占位符，设置文本为黑体、66 号、加粗、阴影。

（3）单击副标题边框，设置文本为楷体、36 号、加粗，并拖动边框调整占位符的大小和位置，如图 5-1-3 所示。

东方职业技术学院

欢迎你的加入！

图 5-1-3　第一张幻灯片效果图

> **小提示**：占位符是一种带有虚线或阴影线边缘的框，绝大部分幻灯片板式中都有这种框，在这些框内可以放置标题及正文，或图表、表格和图片等对象。

4．制作第二张幻灯片

（1）单击"开始"选项卡的"幻灯片"组的"新建幻灯片"按钮，在"Office 主题"下拉列表中选择"两栏内容"，如图 5-1-4 所示。

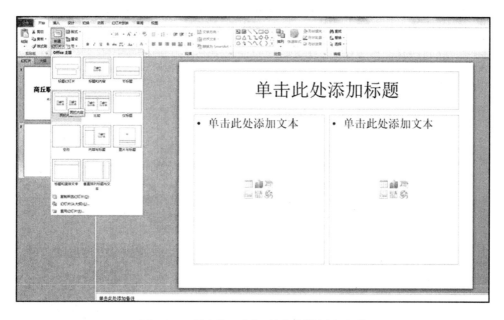

图 5-1-4　创建第二张"两栏内容"版式幻灯片

（2）点击"单击此处添加标题"，输入标题"学校概况"，设置文本为楷体、36 号、蓝色；接着单击左侧占位符输入内容，设置文本为黑体、18 号、1.5 倍行距，单击右侧占位符中的"插入来自文件的图片"图标，在弹出的对话框中选择对应的图片，如图 5-1-5 所示。

图 5-1-5　第二张幻灯片效果图

小提示：默认情况下，在占位符中输入文本后，文本前有一个圆点作为项目符号，我们可以单击【项目符号】按钮，在下拉列表中选择“无”，即可去掉，也可以重新设置新的项目符号。

5. 制作第三张幻灯片

（1）单击“新建幻灯片”按钮，在“Office 主题”下拉列表中选择“标题和内容”版式幻灯片，如图 5-1-6 所示。

单击此处添加标题
• 单击此处添加文本

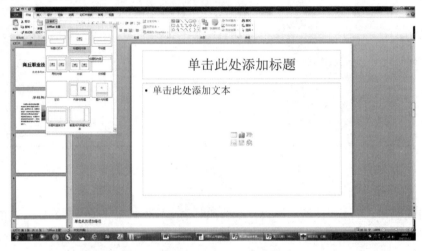

图 5-1-6　创建第三张“标题和内容”版式幻灯片

（2）点击“单击此处添加标题”，输入标题内容文字，设置文本为楷体、36 号、蓝色；接着点击“单击此处添加副标题”，输入内容，设置文本为黑体、24 号、1.5 倍行距、段前段后 10 磅。

（3）单击“开始”选项卡“段落”组中的“项目符号”按钮，为文本添加项目符号，如图 5-1-7 所示。

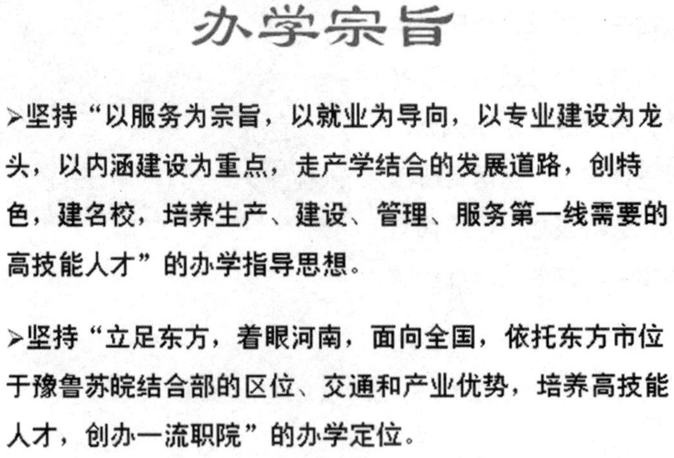

办学宗旨
➢坚持“以服务为宗旨，以就业为导向，以专业建设为龙头，以内涵建设为重点，走产学结合的发展道路，创特色，建名校，培养生产、建设、管理、服务第一线需要的高技能人才”的办学指导思想。
➢坚持“立足东方，着眼河南，面向全国，依托东方市位于豫鲁苏皖结合部的区位、交通和产业优势，培养高技能人才，创办一流职院”的办学定位。

图 5-1-7　第三张幻灯片效果图

小提示：单击"开始"选项卡"段落"组中的"编号"按钮⊞，即可为文本添加项目符号。

6. 制作第四张幻灯片

（1）创建与第三张幻灯片版式相同的第四张幻灯片，有两种快捷方法，方法一：按【Ctrl＋M】组合键；方法二：单击左侧窗格中的第三张幻灯片，然后按下回车键"Enter"。

（2）点击"单击此处添加标题"，输入标题内容文字，设置文本为楷体、36 号、蓝色；单击占位符中的"插入来自文件的图片"图标🖾，在弹出的对话框中选择对应的图片；接着单击"插入"选项卡→"图片"按钮再次插入另一图片，适当的调整图片的大小、位置，如图5-1-8所示。

图 5-1-8　第四张幻灯片效果图

7. 制作第五张幻灯片

（1）单击"新建幻灯片"按钮，在"Office 主题"下拉列表中选择"比较"版式幻灯片。输入文本，设置文本格式后如图 5-1-9 所示。

录取情况

学生来源　　　　　　　　录取分数线

图 5-1-9　第五张幻灯片文字效果图

（2）在左侧占位符中单击"插入图表"按钮🏛，弹出"插入图表"对话框，在"模板"下选择"饼图"。在打开的带有数据表的 Excel 工作表如图 5-1-10 所示，按实际数据修改原数据表，如图 5-1-11 所示。关闭 Excel 应用程序。

	A	B
1		销售额
2	第一季度	8.2
3	第二季度	3.2
4	第三季度	1.4
5	第四季度	1.2

图 5-1-10　自动生成的数据表

	A	B
1		比例图
2	华东	6
3	华南	94
4		
5		

图 5-1-11　实际图表需要的数据表

（3）选中图表，在"图表工具"的"设计"选项卡中，选择"布局 6"按钮，删除图表标题，适当调整图表大小和位置。

（4）在右侧占位符中单击"插入表格"按钮▦，弹出"插入表格"对话框，输入列数 5，行数 2，单击"确定"。在表格中输入数据，适当调整字号、对齐方式，如图 5-1-12 所示。

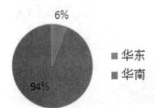

录取情况

学生来源　　　　　　　　　录取分数线

年份	最高分	平均分	最低分	录取批次
2016	467	369	319	专科1批

图 5-1-12　第五张幻灯片效果图

> **小提示**：除了直接应用系统提供的表格样式外，我们也可以自己设计表格样式。单击"表格工具"【设计】选项卡【表格样式】选项组中的【底纹】按钮，可以为表格设计背景，包括图片、纹理及渐变等；单击【边框】按钮可以为表格添加边框；单击【效果】按钮可以为单元格添加外观效果，如阴影或映像等。

8. 制作第六张幻灯片

（1）单击"新建幻灯片"按钮，在"Office 主题"下拉列表中选择"标题和内容"版式幻灯片。

（2）点击"单击此处添加标题"，输入标题内容文字，设置文本为楷体、36 号、蓝色；接着点击"单击此处添加文本"，输入内容，如图 5-1-13 所示。

院系设置

- 软件学院
- 经贸系
- 机电工程系
- 计算机系
- 园林食品加工系
- 生物工程系
- 语言文学系
- 体育与艺术系
- 动物工程系
- 汽车与建筑工程系
- 五年制大专部

图 5-1-13   第六张幻灯片内容

（3）选择文本后右击，输入标题内容文字，设置文本为楷体、36 号、蓝色。

（4）单击内容文字占位符的边框，接着单击"开始"选项卡 → "段落"组 → 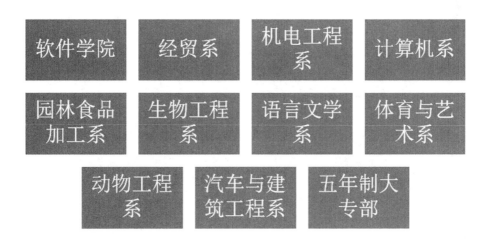**转换为 SmartArt** 按钮，弹出的快捷菜单中选择"其 SmartArt 图形"中的"基本列表"图形，如图 5-1-14 所示。

图 5-1-14   第六张幻灯片效果图

9. 制作第七张幻灯片

（1）单击"新建幻灯片"按钮，在"Office 主题"下拉列表中选择"图片与标题"版式幻灯片。

（2）在"单击图标添加图片"占位符中，单击"插入来自文件的图片"图标 ，在弹出的对话框中选择对应的图片。

（3）点击"单击此处添加标题"，输入标题内容文字，设置文本为华文新魏、28号、加粗、蓝色。

（4）按"Delete"键删除"单击此处添加文本"占位符，如图5-1-15所示。

图5-1-15　第七张幻灯片效果图

10. 设置主题

（1）单击"设计"选项卡，选择"主题"组中的"波形"主题。

（2）在"设计"选项卡中，单击"主题"组中的"颜色"按钮选择相应的主题颜色，同样的方法也可修改主题文本和效果。

> **小提示**：我们也可以对单张幻灯片设置主题，方法是：在 PowerPoint 2010 工作窗口右侧"幻灯片"窗格中选定要设置主题的幻灯片，接着右击选择主题，在弹出的快捷菜单中选择"应用于选定幻灯片"命令。

11. 保存演示文稿

（1）选择"文件"选项卡→"保存"命令。如果文稿是第一次存盘，就会出现"另存为"对话框。

（2）在对话框中选择文稿的保存位置，然后输入文件名"东方职业技术学院简介"，文件的"保存类型"系统默认是"PowerPoint 演示文稿"，单击"保存"按钮。

> **小提示**：使用 PowerPoint 2010 生成的演示文稿，扩展名为.pptx。

12. 幻灯片浏览

单击"视图"选项卡，"演示文稿"组中的"幻灯片浏览视图"按钮 ，即可显示演示文稿中所有幻灯片缩图、文本和图片。

【知识拓展】

1. 演示文稿的创建

"样本模板"、"主题"、"空演示文稿"是常见的三种演示文稿创建方式。"样本模板"、"主题"这些模板带有预先设计好的标题、注释、文稿格式和背景颜色等。用户可以根据演示文稿的需要，选择合适的模板。

（1）通过"样本模板"新建演示文稿

"样本模板"能为各种不同类型的演示文稿提供模板和设计理念。

演示文稿类型：系统提供了九种标准演示文稿类型："Powerpoint 2010 简介"、"都市相册"、"古典相册"、"宽屏演示文稿"、"培训"等。单击某种演示文稿类型，右侧的列表框中将出现该类型的典型模式，用户可以根据需要选择其中的一种模式。如图 5-1-16 所示。

图 5-1-16　"样本模板"类型视图

（2）通过"主题"新建演示文稿

"样本模板"演示文稿注重内容本身，而主题模板侧重于外观风格设计。如图 5-1-16 所示，系统提供了"暗香扑面"、"奥斯汀"、"跋涉"等三十多种风格样式，对幻灯片的背景样式、颜色、文字效果进行了各种搭配设置。如图 5-1-17 所示。

图 5-1-17 演示文稿的主题模板

2. PowerPoint 2010 视图模式

PowerPoint 2010 常用的视图模式有四种："普通视图"、"幻灯片浏览"视图、"幻灯片放映"视图和"阅读视图"，另外还有"备注页"视图和"母版视图"。在实际工作中，需要切换视图模式时，单击"视图"选项卡，选择一种视图作为 PowerPoint 2010 的默认视图，如图 5-1-18 所示。

图 5-1-18　PowerPoint 2010 视图

（1）普通视图：是主要的编辑视图，提供了无所不能的各项操作，常用于撰写或设计演示文稿。该视图有三个工作区域：左侧是幻灯片文本大纲（"大纲"选项卡）和幻灯片缩略图（"幻灯片"选项卡）之间切换的选项卡；右侧为幻灯片窗格，以大视图显示当前幻灯片；底部为备注窗格。

（2）幻灯片浏览视图：是以缩略图形式显示幻灯片的视图，常用于对演示文稿中各张幻灯片进行移动、复制、删除等各项操作。

（3）幻灯片放映视图：该视图以全屏幕方式对幻灯片进行演示和放映。可以看到图形、时间、影片、动画元素以及将在实际放映中看到的切换效果。使用右键快捷菜单选择放映，按"Esc"键结束放映。

（4）阅读视图：占据整个计算机屏幕，进入演示文稿的真正放映状态，以阅读方式浏览整个演示文稿的播放。

小提示：工作窗口的右下角有这四种幻灯片视图的图标按钮　　　　，可单击相互切换。

（5）备注页视图：使用备注可以详尽阐述幻灯片的要点，提示主要的问题，以防止幻灯片文本泛滥。

（6）母版视图：母版视图包括幻灯片母版、讲义母版和备注母版。它用于设置幻灯片的样式，可以设定文本、背景、颜色、效果、占位符大小和位置。使用母版视图的最大好处就是，可以把每一张幻灯片上都有的东西抽取出来，集中放到母版上，这样方便编辑和管理。

3．编辑幻灯片

（1）选择幻灯片

在普通视图的幻灯片模式或幻灯片浏览视图中选择和管理幻灯片比较方便，首先切换到普通视图的幻灯片模式，选择幻灯片分为以下两种情况。

① 选择一张幻灯片。单击视图中的任意一张幻灯片的缩略图，幻灯片边框线条被加粗即表示被选中。

② 选择多张幻灯片。按住"Ctrl"键可以选择不连续的多张幻灯片，而按住"Shift"可以选中连续的多张幻灯片。

（2）移动和复制幻灯片

一张幻灯片有时候可能要多次用到，有时候需要调整多个幻灯片之间的播放顺序，用户可以通过复制和移动幻灯片来实现。

① 鼠标拖动法。在 PowerPoint 2010 工作窗口右侧"幻灯片"窗格中，选择要移动/复制的幻灯片，按下鼠标左键不松拖至合适的位置，即可移动幻灯片，如果按"Ctrl"键的同时拖动即可复制幻灯片。

② 菜单命令法。在 PowerPoint 2010 工作窗口右侧"幻灯片"窗格中，选择要移动/复制的幻灯片，单击右键，在弹出的右键菜单中选择"剪切/复制"命令，选择放置的位置，单击右键，在弹出的快捷菜单中选择"粘贴"即可。

③ 快捷键法。在 PowerPoint 2010 工作窗口右侧"幻灯片"窗格中，选择要移动/复制的幻灯片，若要复制，按【Ctrl＋C】组合键；若要剪切，可按【Ctrl＋X】组合键；最后粘贴，可按【Ctrl＋V】组合键。

（3）删除幻灯片

如果用户想要删除不需要的幻灯片，常用的方法如下。

① 菜单命令法。在 PowerPoint 2010 工作窗口右侧"幻灯片"窗格中，选择要删除的幻灯片，单击右键，在弹出的右键菜单中选择"删除幻灯片"命令，即可删除幻灯片。

② 键盘操作法。在 PowerPoint 2010 工作窗口右侧"幻灯片"窗格中，选择要删除的幻灯片，按"Delete"键，即可删除幻灯片。

（4）隐藏幻灯片

如果用户不想展示某些幻灯片，但又不想暂时删除这些幻灯片时可以把这些幻灯片隐藏起来,常用的方法是在 PowerPoint 2010 工作窗口右侧"幻灯片"窗格中,选择要隐藏的幻灯片,单击右键,在弹出的右键菜单中选择"隐藏幻灯片"命令,即可隐藏幻灯片。

任务 5.2 制作新产品发布会演示文稿

【任务解析】

本任务是使用 PowerPoint 2010 制作统一格式的新产品发布演示文稿,主要应用到制作幻灯片模版,包括背景图片、公司标志、编辑文本,以及分别制作各种幻灯片,包括插入链接和媒体等操作,通过学习,可熟练掌握 PowerPoint 2010 的各种操作方法。最终的演示效果如图 5-2-1。

图 5-2-1 《妙卡巧克力新品发布会》演示文稿

【知识要点】

☞ 应用幻灯片母版
☞ 设置幻灯片母版背景
☞ 插入音频
☞ 创建幻灯片链接
☞ 幻灯片放映

【任务实施】

1. 制作幻灯片母版

(1) 启动 PowerPoint 2010,在新建的空白演示文稿中,选择"视图"选项卡。

(2) 在"母版视图"组中单击"幻灯片母版"按钮,在左侧窗格缩略图中,选择第一张"office 主题幻灯片母版"幻灯片,如图 5-2-2 所示。

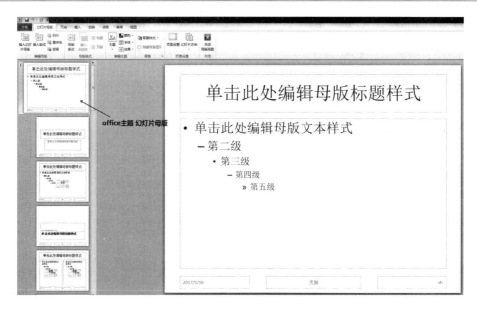

图 5-2-2　"幻灯片母版"视图

（3）在"背景"组中单击 按钮，在打开的"设置背景格式"对话框中，选中"图片或纹理填充"单击按钮。

（4）在"插入自"栏中单击"文件"按钮，如图 5-2-3 所示。

图 5-2-3　"设置背景格式"对话框

（5）在打开的"插入图片"对话框中选择相应的图片，单击"插入"按钮，最后单击"关闭"按钮，按照如图 5-2-4 所示效果对占位符大小和位置进行调整。

图 5-2-4　插入背景并调整占位符

> **小提示：** 一般会按照母版背景对占位符的大小和位置进行调整，这样占位符就不会挡住背景图片，同时返回到幻灯片视图中就不用再对其进行修改了。

（6）选中"单击此处编辑母版标题样式"或单击标题占位符，设置文本为华文琥珀、48号、紫色。

（7）选中第一级内容文本，设置文本为深蓝，文字 2，深色 25％，幼圆，24 号。

（8）在左侧窗格缩略图中，选择第二张"标题幻灯片版式"幻灯片，选中"单击此处编辑母版副标题样式"或单击副标题占位符，设置文本为华文行楷、32 号、紫色。

（9）在左侧窗格缩略图中，选择第三张"标题和内容幻灯片版式"幻灯片。

（10）选择"插入"选项卡，单击"图像"组→"图片"按钮，在打开"插入图片"对话框中选择 Logo 标志图片。

（11）选中刚刚插入的 Logo 标志图片，单击"图片工具→格式"选项卡，选择"调整"组→"颜色"按钮，当鼠标指针变成形状时在图片的背景处单击，即可去除图片的白色背景。

（12）将图片缩小后移动到合适的位置，并设置 Logo 标志图片"置于底层"，如图5-2-5所示。

图 5-2-5　插入的 Logo 标志图片效果图

（13）选择"幻灯片母版"选项卡，在"关闭"组→"关闭母版视图"按钮，返回到普通视图。

2．保存演示文稿

（1）选择"文件"选项卡→"保存"命令。

（2）在"另存为"对话框中选择文稿的保存位置，然后输入文件名"妙卡巧克力新品发布会.pptx"，单击【保存】按钮。

3．制作封面幻灯片

（1）单击标题占位符，输入标题"Milka 妙卡巧克力新品发布"。

（2）单击副标题占位符，输入"传递融情 分享暖意"。

4．制作第二张幻灯片

（1）选择"标题和内容"版式，单击副标题占位符，输入内容。

（2）删除"标题占位符"，如图 5-2-6 所示。

图 5-2-6　第二张幻灯片效果图

5．制作第三、四张幻灯片

（1）选择"标题和内容"版式。

（2）分别在标题占位符和内容占位符中输入内容。如图 5-2-7、5-2-8 所示。

图 5-2-7　第三张幻灯片内容

图 5-2-8　第四张幻灯片内容

6．制作第五张幻灯片

（1）选择"标题和内容"版式。

（2）单击标题占位符，输入内容。

（3）在"单击此处添加文本"占位符中，单击"插入来自文件的图片"图标，在弹出的对话框中选择相应的图片。

（4）单击"图片工具→格式"选项卡，选择"调整"组→"颜色"按钮，去除图片的白色背景，如图 5-2-9 所示。

图 5-2-9　去除图片背景色

7. 制作超链接

（1）选择第二张幻灯片。

（2）选定文字"新品展示"，单击"插入"选项卡，选择"链接"组→【超链接】按钮🔗，弹出"插入超链接"对话框，如图 5-2-10 所示。

图 5-2-10　"插入超链接"对话框

（3）在对话框左侧的"链接到"列表框中选择"本文档中的位置"选项，选择"5. 新品展示"幻灯片，单击"确定"按钮，则文字"新品展示"下显示下划线，添加超链接成功。

（4）选择第五张幻灯片。

图 5-2-11　插入"动作按钮"

（5）在"插入"选项卡→"插图"选项组→"形状"按钮 ，选择"动作按钮"区中任意动作按钮，如图 5-2-11 所示。

（6）在幻灯片右下角按住鼠标左键不放拖拽出动作按钮，释放左键，随机打开"动作设置"对话框，选中"超链接到"单击按钮，在下拉列表当中选择"幻灯片..."，如图 5-2-12 所示。

（7）在弹出的"超链接到幻灯片"对话框中选择"幻灯片 2"，单击"确定"按钮，如图 5-2-13 所示。

图 5-2-12　"动作设置"对话框图　　　　图 5-2-13　"超链接到幻灯片"对话框

（8）再次单击"确定"按钮，如图 5-2-14 所示。

图 5-2-14　第五张幻灯片效果图

> **小提示**:超链接是指从一张幻灯片到另一张幻灯片、文件、网页等的链接，我们可以使用超链接🔵和动作按钮🔳来实现这些功能。如果删除超链接，只需选中链接，然后右键单击，在快捷菜单中选中"取消超链接"命令即可，如果改变超链接位置，在快捷菜单中选中"编辑超链接"命令，在弹出的"编辑超链接"对话框中重新设置链接位置。

8. 制作封底幻灯片

（1）选择"标题和内容"版式，删除"标题占位符"。

（2）单击内容占位符，输入文字"感谢大家的参加！"

（3）单击"插入"选项卡，选择"媒体"组→"音频"按钮🔊，选择"文件中的音频"，在弹出的"插入音频"对话框，选择相应音乐文件，单击"插入"按钮，如图 5-2-15 所示。

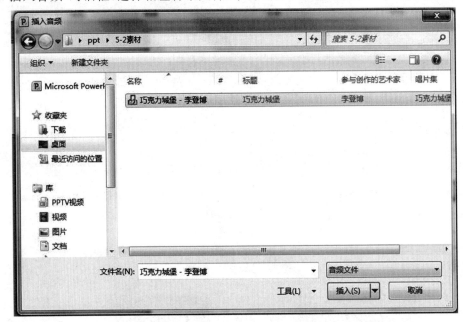

图 5-2-15 "插入音频"对话框

（4）最后在幻灯片中出现喇叭图片和播放进度按钮，调整合适的位置。

9. 添加页眉和页脚

（1）单击"插入"选项卡，选择"文本"组→"页眉和页脚"按钮，弹出"页眉和页脚"对话框。

（2）在"幻灯片"选项卡中，选中"日期和时间"并选择 ◉自动更新(U) 。

（3）依次选中 ☑幻灯片编号(N) 、☑页脚(F) 、☑标题幻灯片中不显示(S) ，在"页脚"中输入"传递融情分享暖意"。

（4）单击 全部应用(Y) 按钮，设置的页眉和页脚样式将应用到所有幻灯片。

（5）单击快速访问工具栏的"保存"按钮🖫，则演示文稿被安全保存。

10. 观看放映

在"幻灯片放映"选项卡,选择"开始放映幻灯片"组→"从头播放"按钮或"F5"键。

> 小提示:(1)开启幻灯片放映视图以后,幻灯片占据整个屏幕,无法进行 Windows 窗口操作,按【Esc】键即可回到幻灯片普通视图状态。
>
> 　　(2)单击窗口右下方的"幻灯片放映"按钮 或按【Shift】+【F5】键,演示文稿则从当前幻灯片开始放映。

【知识拓展】

1. 编辑幻灯片母版

除了可在幻灯片视图中编辑文本的大小、字体,设置项目符号外,还可利用"幻灯片视图"工具栏实现幻灯片母版的插入、重命名和删除等操作。

（1）插入新幻灯片母版:如果要插入一个新幻灯片母版,可在"幻灯片母版"选项卡的"编辑母版"组中单击 按钮,这时自动插入一个新的幻灯片母版。

（2）插入版式:如果要在幻灯片母版中添加自定义版式,可在"幻灯片母版"选项卡的"编辑母版"组中单击 按钮,则自动插入幻灯片母版版式。

（3）重命名母版:如果要更改幻灯片母版的名称,可在"幻灯片母版"选项卡的"编辑母版"组中单击 按钮,弹出"重命名母版"对话框,如图 5-2-16 所示。在该对话框中的"母版名称"文本框中输入要命名的名称,单击"重命名"按钮即可。

图 5-2-16　**"重命名母版"对话框**

2. 插入 Flash 动画

做演示文稿的时候,为了能更生动的表现,我们通常会加入一些动画,具体步骤如下:

（1）单击"文件"选项卡→"选项"按钮,在"PowerPoint 选项"对话框的"自定义功能区"内选中 ,如图 5-2-17 所示。

（2）选择"开发工具"选项卡,单击"控件"组→其他控件"按钮 ,在"其他控件"对话框中选择"Shockwave Flash Object",如图 5-2-18 所示。在幻灯片中用鼠标拖出一个方框,调整好大小。

（3）选择当前控件,单击"属性"按钮,在"属性"对话框的"Movie"中填入所需的 Flash 影片所在的位置。

小提示：插入的 flash 动画需要 swf 格式的，文件名要包括后缀名，最好文件名不要用中文的。另外，在插入之前先把 ppt 和 flash 放在同一个文件夹里。

图 5-2-17 "PowerPoint 选项"对话框

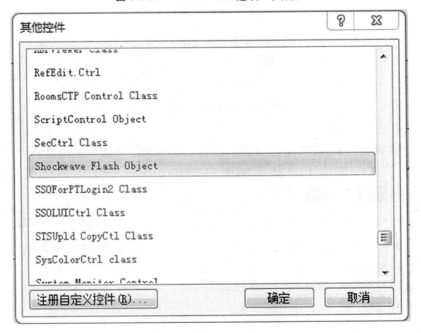

图 5-2-18 "其他控件"对话框

任务 5.3　制作教学课件示文稿

【任务解析】

随着计算机的日益普及,使用课件来辅助教学已成为大多数老师的首选。本任务就是使用 PowerPoint 2010 制作出图文并茂的优质课件,通过本例的学习,可熟练掌握图片和文本框的插入、幻灯片动画设置和切换以及演示文稿打印和打包操作。最终的演示效果如图 5-3-1。

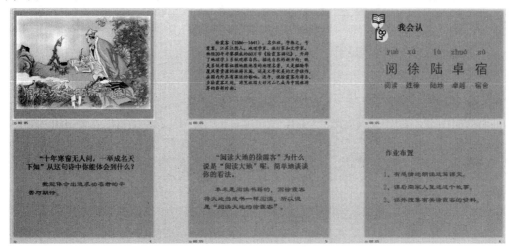

图 5-3-1　《教学课件》演示文稿

【知识要点】

☞ 插入剪贴画、图片、文本框等对象
☞ 设置幻灯片背景
☞ 设置幻灯片对象的动画方案
☞ 设置幻灯片切换效果
☞ 打印和打包演示文稿

【任务实施】

1. 制作封面幻灯片

(1) 启动 PowerPoint 2010,在新建一个空白演示文稿中,选择"幻灯片"选项卡→"板式"按钮，选择"空白"版式幻灯片。

(2) 选择"插入"选项卡,单击"图像"组→"图片"按钮，在打开"插入图片"对话框中选择图片。

(3) 打开"插入"选项卡,单击"文本"组→"艺术字"按钮，在打开下拉列表中选择

填充 - 茶色，文本 2，轮廓 - 背景 2。

（4）在文本框中输入文字"阅读大地的徐霞客"，设置为华文隶书、66 号、加粗、阴影、橙色。如图 5-3-2 所示。

图 5-3-2　封面幻灯片效果图

2．制作第二张幻灯片

（1）按下【Ctrl＋M】键，插入一张新幻灯片。

（2）选择"插入"选项卡，单击"文本"组→"文本框"按钮 →"横排文本框"。

（3）在文本框中输入内容，设置文本为楷体、24 号，适当调整文本框的大小。如图 5-3-3所示。

> 徐霞客（1586—1641），名弘祖，字振之，号霞客，江苏江阴人。地理学家、旅行家和文学家。他经30年考察撰成的60万字《徐霞客游记》，开辟了地理学上系统观察自然、描述自然的新方向；既是系统考察祖国地貌地质的地理名著，又是描绘华厦风景资源的旅游巨篇，还是文字优美的文学佳作，在国内外具有深远的影响。近年，视徐霞客为游圣，步徐霞客足迹，游览祖国大好河山已成为中国旅游界的崭新时尚。

图 5-3-3　第二张幻灯片效果图

3. 制作第三张幻灯片

（1）按下【Ctrl＋M】键，插入一张新幻灯片。

（2）选择"插入"选项卡，单击"文本"组→"文本框"按钮→"横排文本框"，按住鼠标左键不放进行拖动。

（3）在文本框中输入"我会认"，设置文本为华文中宋、44 号、加粗、蓝色。

（4）选择"插入"选项卡，单击"图像"组→"剪贴画"按钮，单击任务窗格的"搜索"按钮，选择一张剪贴画插入幻灯片合适的位置。

（5）再次插入 15 个"横排文本框"，调整好位置，分别输入图 5-3-4 所示内容。设置文本为黑体。

我会认

yuè	xú	lù	zhuó	sù
阅	徐	陆	卓	宿
阅读	姓徐	陆地	卓越	宿舍

图 5-3-4　第三张幻灯片效果图

4. 制作第四至六张幻灯片

（1）按下【Ctrl＋M】键，插入一张新幻灯片。

（2）选择"插入"选项卡，单击"文本"组→"文本框"按钮→"横排文本框"，按住鼠标左键不放进行拖动。

（3）在文本框中输入内容，设置文本为宋体、36 号、加粗、深蓝色。

（4）重复步骤（2）的操作，再插入一个横排文本框，在文本框中输入内容，设置文本为隶书、36 号、深红色。如图 5-3-5 所示。

（5）同样地插入第 5、6 张幻灯片，分别如图 5-3-6、图 5-3-7 所示。

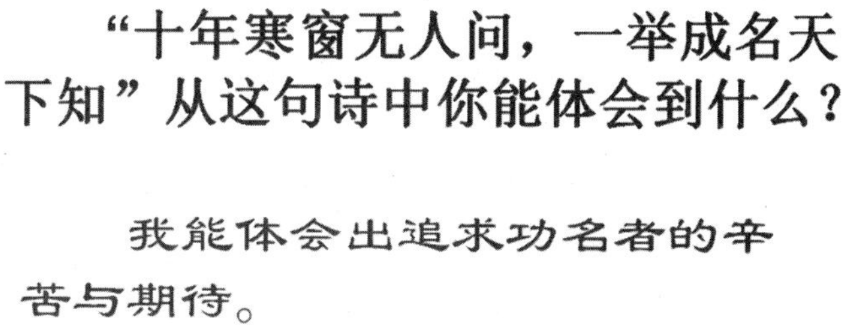

"十年寒窗无人问，一举成名天下知"从这句诗中你能体会到什么？

我能体会出追求功名者的辛苦与期待。

图 5-3-5　第四张幻灯片效果图

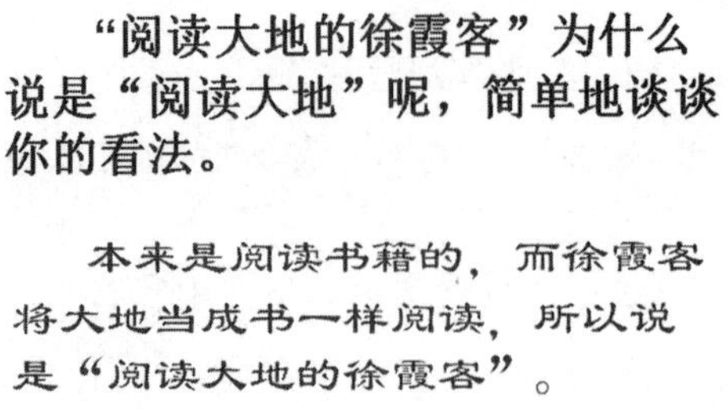

“阅读大地的徐霞客”为什么说是“阅读大地”呢，简单地谈谈你的看法。
本来是阅读书籍的，而徐霞客将大地当成书一样阅读，所以说是“阅读大地的徐霞客”。

图 5-3-6　第五张幻灯片效果图

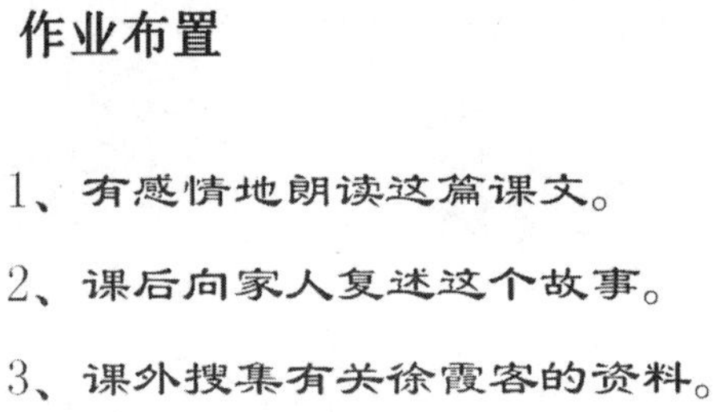

作业布置
1、有感情地朗读这篇课文。
2、课后向家人复述这个故事。
3、课外搜集有关徐霞客的资料。

图 5-3-7 第六张幻灯片效果图

5. 设置幻灯片背景

(1) 选择“设计”选项卡→“背景”组→“背景样式”按钮，在打开的下拉列表中选择“设置背景格式”命令，弹出“设置背景格式”对话框，如图 5-3-8 所示。

(2) 选择“填充”选项→“纯色填充”，在颜色下拉列表中选择主题颜色“橄榄色”，强调文字颜色 3，深色 25%。

设置背景格式
填充
图片更正
图片颜色
艺术效果
填充
纯色填充(S)
渐变填充(G)
图片或纹理填充(P)
图案填充(A)
隐藏背景图形(H)
填充颜色
颜色(C):
透明度(T):
自动(A)
主题颜色
标准色
其他颜色(M)...
重置背景(B)
关闭
全部应用(L)

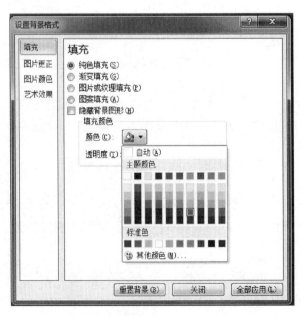

图 5-3-8　设置背景格式对话框

6. 第三张幻灯片添加动画

（1）选定拼音"yuè"文本框，单击"动画"选项卡→"动画"组→"进入"动画列表→"形状"效果，如图 5-3-9 所示。

图 5-3-9　进入动画列表

（2）在"效果选项"下拉列表中选择"圆"选项，如图 5-3-10 所示。

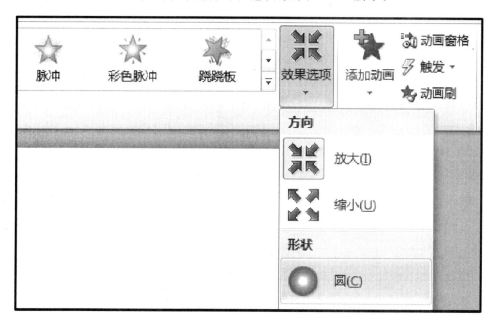

图 5-3-10　形状动画设置

（3）再次选中"yuè"拼音文本框，单击"高级动画"组→"动画刷"按钮，鼠标变成刷子形状，单击其余的拼音就完成了复制动画。

（4）选定"阅读"词语文本框，单击"动画"选项卡"高级动作"组→"添加动画"按钮，在下拉列表中选择"更多进入效果"选项→"基本型"→"棋盘"效果，如图 5-3-11 所示。

（5）单击"计时"组→"开始"选项右侧下拉按钮，选择"上一个动画之后"选项；"延迟"选项设置为 5 秒，如图 5-3-12 所示。

（6）再次选定"阅读"词语文本框，单击"高级动画"组→"动画刷"按钮，完成所有词语的动画设置。

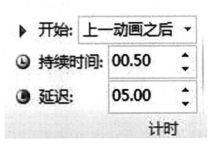

图 5-3-11　添加进入效果对话框　　　　图 5-3-12　计时设置

7. 第四至六张幻灯片添加动画

（1）选中第 4 张幻灯片的第二个文本框。

（2）单击"动画"选项卡→"动画"组→"进入"动画列表→"切入"效果。

（3）同样地选中第 5、6 张幻灯片的第二个文本框，重复步骤（2）的操作。

小提示：切换效果应用于幻灯片之间，而动画效果则应用于幻灯片。

8. 设置幻灯片切换方式

（1）单击"切换"选项卡→"切换到此幻灯片"组→"动态内容"列表→"摩天轮"效果。

（2）单击"全部应用"按钮。

9. 第六张幻灯片添加切换声音

（1）选定第 6 张幻灯片。

（2）在"声音"下拉列表 声音: [无声音] 中选择"风铃"效果。

10. 观看放映

（1）按快捷键"F5"。

（2）单击鼠标右键，在打开的控制菜单中选择"结束放映"。

11．保存演示文稿

（1）单击快速访问工具栏的"保存"按钮 ![save]。

（2）在对话框中选择文稿的保存位置，然后输入文件名"教学课件.pptx"，单击"保存"按钮。

12．打印演示文稿

（1）在"设计"选项卡中选择"页面设置"组→"页面设置"按钮。

（2）在对话框中进行合适的页面设置，如图 5-3-13 所示。

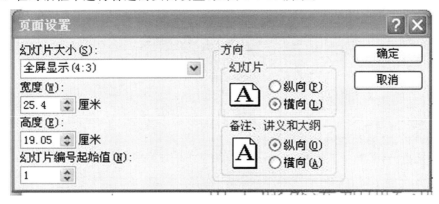

图 5-3-13　"页面设置"对话框

（3）选择"文件"选项卡→"打印"命令，在"设置"选区中选择"打印全部演示文稿"；在"打印内容"选区中选择"6 张水平放置的幻灯片"，如图 5-3-14 所示。

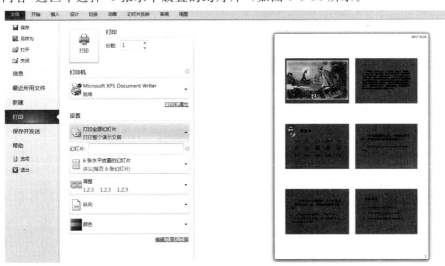

图 5-3-14　"打印"选项

（4）单击 ![print] 按钮。

13．打包演示文稿

（1）单击"文件"选项卡，选择"保存并发送"命令→"将演示文稿打包成 CD"命令，单

击 按钮。

（2）在"打包成 CD"对话框中，单击 复制到文件夹(F)… 按钮，将文件夹名称改为"语文教学课件"，位置放到"桌面"，单击"确定"按钮。

（3）在弹出图 5-3-15 对话框，单击"是"按钮。

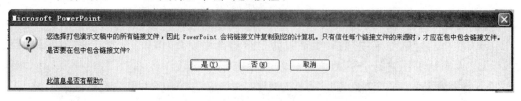

图 5-3-15 打包文件确认对话框

> **小提示：**打包演示文稿的优点在于它可以压缩打包文件，方便用户以 CD 或文件夹的形式存放文件，而且不用考虑计算机上是否安装了 PowerPoint 软件，打包后的演示文稿可以没有 PowerPoint 的 Windows 2000 或更高版本的计算机播放。

【知识拓展】

1. 幻灯片放映方式

在默认情况下，PowerPoint 2010 会按照预设的演讲者放映方式来放映幻灯片，但放映过程需要人工控制，在 PowerPoint 2010 中，还有两种放映方式，一是观众自行浏览，二是展台浏览。

（1）打开一个演示文稿，切换至"幻灯片放映"选项卡，单击"设置"组→"设置幻灯片放映"按钮 ，弹出"设置放映方式"对话框，如图 5-3-16 所示。

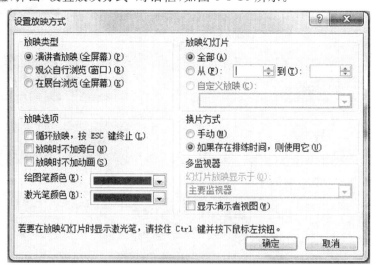

图 5-3-16 "设置放映方式"对话框

（2）在该对话框的"放映类型"选项区中看到 3 种不同方式：

① "演讲者放映方式"单选按钮：演讲者放映方式是最常用的放映方式，在放映过程中以全屏显示幻灯片。演讲者能控制幻灯片的放映，暂停演示文稿，添加会议细节，还可以录制旁白。

② "观众自行浏览"单选按钮：可以在标准窗口中放映幻灯片。在放映幻灯片时，可以拖动右侧的滚动条，或滚动鼠标上的滚轮来实现幻灯片的放映。

③ "在展台浏览"单选按钮：在展台浏览是 3 种放映类型中最简单的方式，这种方式将自动全屏放映幻灯片，并且循环放映演示文稿，在放映过程中，除了通过超链接或动作按钮来进行切换以外，其他的功能都不能使用，如果要停止放映，只能按"Esc"键来终止。

（3）在对话框的"放映选项"选区中，若选中 ☑ **循环放映，按 ESC 键终止(L)** 复选框，则在放映过程中，当最后一张幻灯片放映结束后，会自动转到第一张幻灯片进行播放；若选中 ☑ **放映时不加旁白(N)** 复选框，则在播放幻灯片的过程中不播放任何旁白；若选中 ☑ **放映时不加动画(S)** 复选框，则在播放幻灯片的过程中，原来设定的动画效果将不起作用。

（4）当所有设置完成后，单击 **确定** 按钮即可将所有的设置应用到演示文稿中。

2. 放映幻灯片

（1）放映时指定跳到某张幻灯片

如果在放映过程中需要临时跳到某一张，如果你记得那是第几张，例如是第 7 张，那么很简单，键入"7"然后回车，就会跳到第 7 张幻灯片。或者按鼠标右键，选择"定位"。

（2）放映时进到下一张幻灯片

"N"键、"Enter"键、"PageDown"键、右箭头、下箭头、空格键（或单击鼠标）。

（3）放映时退到上一张幻灯片

"P"键、"PageUp"键、左箭头、上箭头。

（4）终止幻灯片放映

"Esc"键或"—"键。

（4）放映时鼠标指针的隐藏与显现

隐藏鼠标指针："Ctrl"+"H"；显示鼠标指针："Ctrl"+"A"。

（5）在播放的 PPT 中使用画笔标记

画笔标记内容："Ctrl"+"P"；擦除所画的内容："E"键。

（6）控制放映时白屏或黑屏

按一下"B"键会显示黑屏，再按一次则返回刚才放映的那张幻灯片；按一下"W"键会显示一张空白画面，再按一次返回刚才放映的那张幻灯片。

习 题

一、单项选择题

1. PowerPoint 2010 是（　　）家族中的一员。

A. Linux　　　　B. Windows　　　　C. Office　　　　D. Word

2. PowerPoint 2010 中新建文件的默认名称是(　　　)。

A. DOC1　　　　　B. SHEET1　　　　　C. 演示文稿 1　　　D. BOOK1

3. PowerPoint 2010 的主要功能是(　　　)。

A. 电子演示文稿处理　　　　　　　　B. 声音处理

C. 图像处理　　　　　　　　　　　　D. 文字处理

4. 在 PowerPoint 2010 中,添加新幻灯片的快捷键是(　　　)。

A. Ctrl+M　　　　B. Ctrl+N　　　　C. Ctrl+O　　　　D. Ctrl+P

5. 下列视图中不属于 PowerPoint 2010 视图的是(　　　)。

A. 幻灯片视图　　B. 页面视图　　　C. 大纲视图　　　D. 备注页视图

6. PowerPoint 2010 制作的演示文稿文件扩展名是(　　　)。

A. pptx　　　　　B. xls　　　　　　C. fpt　　　　　D. doc

7. 从当前幻灯片开始放映幻灯片的快捷键是(　　　)。

A. Shift ＋ F5　B. Shift ＋ F4　C. Shift ＋ F3　D. Shift ＋ F2

8. 要设置幻灯片中对象的动画效果以及动画的出现方式时,应在(　　　)选项卡中操作。

A. 切换　　　　　B. 动画　　　　　C. 设计　　　　　D. 审阅

9. (　　　)视图是进入 PowerPoint 2010 后的默认视图。

A. 幻灯片浏览　　B. 大纲　　　　　C. 幻灯片　　　　D. 普通

10. 光标位于幻灯片窗格中时,单击"开始"选项卡的"幻灯片"组中的"新建幻灯片"按钮,插入的新幻灯片位于(　　　)。

A. 当前幻灯片之前　　　　　　　　　B. 当前幻灯片之后

C. 文档的最前面　　　　　　　　　　D. 文档的最后面

二、填空题

1. 在幻灯片正在放映时,按键盘上的 Esc 键,可_____。

2. 在 PowerPoint 2010 中对幻灯片进行页面设置时,应在_____选项卡中操作。

3. 要在 PowerPoint 2010 中设置幻灯片的切换效果以及切换方式,应在_____选项卡中进行操作。

4. 要在 PowerPoint 2010 中插入表格、图片、艺术字、视频、音频时,应在_____选项卡中进行操作。

5. 演示文稿视图包括:_____、_____、_____和_____。

6. 在 PowerPoint 2010 中,新建第二张幻灯片时,"开始"选项功能区中,单击_____按钮。

7. 如果将要演示文稿在没有安装 PowerPoint 2010 的机器上播放,应执行_____命令。

8. 要选择多张不连续的幻灯片,在按住_____键的同时,分别单击需要选择的幻灯片的缩略图即可。

9. 在幻灯片窗格中输入文本的常用方法有占位符和_____。

10. 采用 PowerPoint 内置主题时应使用_____选项卡。

实　验

一、实验目的

1. 熟悉掌握创建和编辑演示文稿,能够编辑幻灯片、插入各种对象和切换方式。

2. 熟悉掌握演示文稿的放映,能够设置切换效果、动画效果、动作按钮和放映方式。

3. 掌握美化演示文稿,能够设置主题和背景、添加页脚和设计母版。

一、实验目的

实验创建一个空白演示文稿,完成操作如下:

1. 第一张幻灯片为标题版式,主标题为"我的家乡",副标题为"河南商丘",其他幻灯片采用不同的版式。先设置第一张幻灯片的主题,再设置占位符或文本框的格式。

2. 在第二张幻灯片上添加一个文本框和一个 2 行 3 列的表格,内容自拟;在第三张幻灯片上添加一副剪贴画和一个绘制图形;在第四张幻灯片上添加声音或 Flash 动画。

3. 设置第二、第三、第四张幻灯片的背景颜色,第五张幻灯片以图片作为背景。

4. 在第五张幻灯片上添加一个动作按钮,单击此动作按钮,跳转到第三张幻灯片。

5. 自行设置幻灯片切换效果和动画效果。

6. 设置幻灯片放映类型为"演讲者放映",放映选项为"循环放映"。

7. 使用母版功能,为每一个幻灯片添加一个自选的 Logo 图形;在幻灯片底部插入日期、页脚和编码。

8. 将演示文稿保存到桌面上,文件名为"我的家乡"。

项目6 计算机互联网应用

【项目综述】

随着信息技术的迅猛发展,特别是互联网技术的普及应用,计算机网络正在成为现代化最重要的领域之一,人们的日常生活和工作也愈发离不开互联网。今天计算机网络已经深入到社会生活的各个领域,为了更好地使用好网络资源,我们更要认真地学习计算机互联网知识,了解计算机互联网基础知识、掌握 IE 浏览器的使用和电子邮件的收发、了解在使用网络资源时如何防止病毒和保护自己的信息安全,提高知识运用能力,提升工作效率。

【学习目标】

1. 了解常见的计算机上网方式。
2. 掌握 Internet Explorer 9 的使用方法。
3. 掌握电子邮件的接收和发送。
4. 了解信息安全和病毒防治。

任务 6.1 认识计算机互联网

【任务解析】

本任务主要介绍计算机网络的相关概念和计算机的上网方式,下面我们一起来学习吧!

【知识要点】

☞ 计算机网络的概念
☞ 计算机上网方式

【任务实施】

1. 计算机网络

(1)计算机网络,是指将地理位置不同的具有独立功能的多台计算机及其外部设备,通过通信线路连接起来,在网络操作系统、网络管理软件及网络通信协议的管理和协调下,实现资源共享和信息传递的计算机系统。

（2）计算机网络的分类

计算机网络的分类方法有多种，常见的有：

① 根据网络覆盖范围大小可分为局域网（Local Area Network，LAN）、城域网（Metropolitan Area Network，MAN）、广域网（Wide Area Network，WAN）。

② 根据网络的拓扑结构可分为总线型网络、星形网络、环形网络、树状网络和混合型网络。

③ 根据传输介质的不同可分为有线网和无线网。

2．计算机上网方式

随着计算机技术和网络技术的不断发展，计算机接入互联网的方式也在不断变化发展。目前较常用的接入方式有电话线接入上网、小区宽带接入上网等。

（1）电话线接入方式

ADSL（Asymmetric Digital Subscriber Line，非对称数字用户环路）接入方式是国内目前最主流的宽带接入方式，图 6-1-1 为电话线接入方式。

图 6-1-1　电话线接入方式

（2）小区宽带接入方式

小区宽带上网采用 FTTx（Fiber-to-the-x，光纤接入）和 LAN（Local Area Network，局域网）接入方式，该方式是一种利用光纤加五类网线实现的宽带接入方式，图 6-1-2 为小区宽带接入方式。它以千兆光纤连接到小区中心交换机，中心交换机和楼道交换机以百兆光纤或五类网线相连，最后用网线连接到各个用户的计算机上。这种接入方式用户的上网速率最高可达 10Mbps。

图 6-1-2　小区宽带接入方式

（3）局域网接入方式

局域网接入方式一般适用于拥有局域网的企业、事业单位或政府机关等通信量比较大的单位，这些网络要求速度快、线路质量好、安全性高，并且要求 24 小时不能断网。局域网接入方式的网络速率可达到 10Mbps 以上。图 6-1-3 为局域网接入方式。

图 6-1-3　局域网接入方式

（4）无线上网方式

无线上网就是指不需要通过电话线或网络线，而是通过通信信号来连接到 Internet。只要用户所处的地点在无线接入口的无线电波覆盖范围内，再配上一张兼容的无线网卡就可以轻松上网了。

【知识拓展】

几种上网方式的比较

（1）ADSL 技术的主要特点是可以充分利用现有的电话网络，在线路两端加装 ADSL 设备即可为用户提供高速宽带服务。另外，ADSL 可以与普通电话共存于一条电话线上，在一条普通电话线上接听和拨打电话的同时进行 ADSL 传输而又互不影响。ADSL 宽带上网的优点是采用星型结构、保密性好、安全系数高、速度快以及价格低；缺点是不能传输模拟信号。

（2）光纤上网是指采用光纤线取代铜芯电话线，通过光纤收发器、路由器和交换机接入 Internet 中。这种接入 Internet 的方式可以使下载速度最高达到 6Mbps，上传速率达到 640kbps。光纤上网的优点是带宽独享、性能稳定、升级改造费用低、不受电磁干扰、损耗小、安全和保密性强以及传输距离长。

（3）无线上网的优点是不受地点和时间的限制、速度快，使用无线上网卡还可以收发短信；缺点是费用高。

任务 6.2　Internet Explorer 应用

【任务解析】

本任务是以使用 Internet Explorer 9 浏览器搜索班级派对布置方案和素材为例，介绍 IE 浏览器的使用方法。通过此任务的学习，了解如何打开网页、搜索网页，掌握对有用的网页如何收藏、下载和打印。

【知识要点】

☞ 打开网页
☞ 收藏夹的使用
☞ 下载文件
☞ 打印网页

【任务实施】

1. 启动 IE 和搜索引擎工具百度

（1）双击桌面上的"Internet Explorer"快捷方式图标，启动 IE 浏览器，打开 IE 主页。在 IE 窗口地址栏输入：http://www.baidu.com，按【enter】键。IE 的地址栏右侧有三个菜单按钮，分别是主页、查看和工具，如图 6-2-1 所示。

图 6-2-1　IE 界面

（2）输入查询词

在百度的搜索文本框中输入查询词"派对"，如图 6-2-2 所示。点击蓝色的"百度一下"按钮，搜索的词条记录会一一罗列出来，如图 6-2-3 所示。

图 6-2-2　百度派队

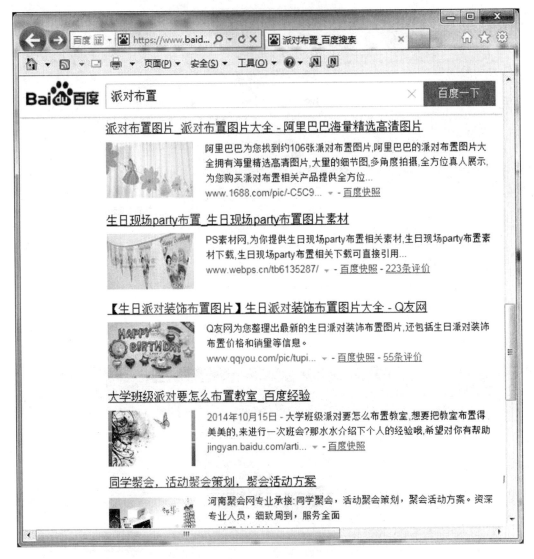

图 6-2-3 搜索结果

（3）使用收藏夹保存搜索到的网页

① 单击"派对布置创意心得"超链接，打开网页如图 6-2-4 所示。

② 单击"查看"按钮，选择"添加到收藏夹"命令，或者单击网页空白处，弹出右键快捷菜单，如图 6-2-5 所示，选择"添加到收藏夹"命令，就会出现"添加收藏"对话窗口，在名称文本框中输入当前网页的名称，单击"添加"按钮，收藏该网页，如图 6-2-6 所示。

图 6-2-4　派对创意布置心得网页

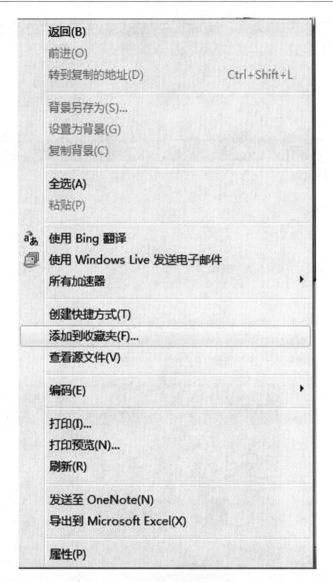

图 6-2-5 添加到收藏夹快捷菜单

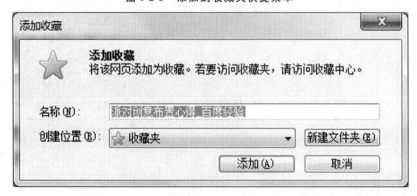

图 6-2-6 添加到收藏夹快捷菜单

③ 打开收藏夹中已保存的网页。单击"查看"按钮,在"收藏夹"列表中,将鼠标指向要打开的网页名称,单击就可以浏览该网页了,如图 6-2-7 所示。

图 6-2-7　收藏夹列表

（4）保存网页

单击"工具"按钮,选择"文件"、"另存为"命令,打开"保存网页"对话框如图 6-2-8 所示。

图 6-2-8　保存网页对话框

（5）打印网页

单击"工具"按钮,选择"打印"命令,打开"打印"对话框,设置打印选项,设置结束,单击"打印"按钮,可以联机将目前浏览的网页打印出来。

（6）保存图片

当我们在网上看到需要保存的图片时，右击该图片，弹出快捷菜单，选择"图片另存为"，IE 会弹出一个"保存图片"对话框，选择路径，在"文件名"文本框中输入图片名字，单击"保存"按钮。

（7）下载文件

在我们的工作和学习过程中，有些时候需要从网络上下载资源，IE 也提供了下载功能。有的网友直接给出下载链接，我们只需要移动鼠标到下载文件的连接处，单击鼠标屏幕上会出现一个"文件下载"窗口，提示开始下载文件。

【知识拓展】

如何下载软件？

首先要知道你需要下载的是什么软件，通过什么工具软件来下载。比如要用迅雷下载一个"360 杀毒软件"。首先用百度搜索"360 杀毒"，单击词条超链接，打开下载页面，单击"使用迅雷下载"的链接端口，在弹出的迅雷下载设置窗口中，选择下载地址，单击"下载"按钮，即可开始下载任务。

任务 6.3　电子邮件的收发

【任务解析】

电子邮件以快速、高效、方便和低廉的价格优势，已成为目前最常见、应用最广泛的互联网核心服务之一。我们可以通过电子邮件与其他网络用户交换文本、图片和视频等信息。我们在使用电子邮件之前，应在某一台邮件服务器中申请一个合法的账户。本任务就和大家一起来学习如何申请电子邮箱以及如何发送和接收电子邮件。

【知识要点】

☞ 电子邮箱的申请

☞ 发送电子邮件

☞ 接收电子邮件

【任务实施】

1. 申请电子邮箱

（1）打开 IE，在搜索文本框中输入"163"，点击"百度一下"按钮，如图 6-3-1 所示，点击"163 网易免费邮箱官方登录"即可打开网易 163 邮箱主页，如图 6-3-2 所示。

（2）单击注册按钮，打开 163 邮箱的注册页面，如图 6-3-3 所示。在"邮件地址"文本框中输入"xiyangyang20170101"，在"@"后面选择"163.com"，在"密码"文本框中输入登录邮箱使用的密码，依次根据提示输入相应的信息，最后点击"立即注册"按钮，弹出注册成功页面如图 6-3-4 所示。

图 6-3-1　搜索网易 163 主页

图 6-3-2　163 邮箱主页

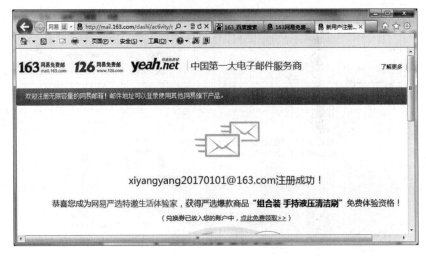

图 6-3-3　163 邮箱注册页面

图 6-3-4　163 邮箱注册成功页面

（3）打开注册成功的邮箱，如图 6-3-5 所示。

2．发送邮件

（1）登录邮箱。打开 163 邮箱主页登录界面，如图 6-3-6 所示，输入用户名和密码，单击"登录"按钮。

图 6-3-5　打开注册成功的邮箱

图 6-3-6　163 邮箱登录界面

（2）打开邮箱，如图 6-3-7 所示，单击"写信"按钮，进入邮件编辑窗口，如图 6-3-8 所示。点击窗口右上方"给自己写一封信"命令，给自己发送一个电子邮件。根据提示输入相关信息并点击"添加附件"上传需要发送的文件后，点击"发送"按钮，给自己发送一份邮件的工作就完成啦。

图 6-3-7　打开邮箱

图 6-3-8　给自己发送一份邮件

3. 接收邮件

打开邮箱,点击"收信"按钮,打开"收件箱窗口",接收到的邮件将会以记录列表的形式显示出来。如图 6-3-9 所示。单击邮件标题,打开邮件,即可查阅邮件内容了。

图 6-3-9　收件箱窗口

【知识拓展】

常用的免费电子邮箱服务器有哪些?

网易 163 邮箱(mail. 163. com)、网易 126 邮箱(mail. 126. com)、搜狐邮箱(mail. sohu. com)、新浪邮箱(mail. sina. com. cn)、雅虎邮箱(mail. yahoo. com. cn)、QQ 邮箱(mail. qq. com)等。

任务 6.4　信息安全与病毒防御

【任务解析】

随着计算机技术和网络技术不断发展,病毒和木马的制造和传播也变得泛滥。这给使用网络资源的计算机用户造成了极大的威胁,如何在使用网络资源的同时保护自己的信息安全成为我们不得不面临的一大挑战。下面我们一起来了解一下信息安全和如何进行病毒防御。

【知识要点】

☞ 病毒的防御与查杀

☞ 系统安全设置

【任务实施】

1. 病毒的防御与木马查杀

（1）计算机病毒和木马介绍

计算机病毒是编制者以破坏计算机功能或破坏数据，影响计算机正常使用并能自我复制的一组计算机指令或者程序代码。一般来讲计算机病毒具有自我繁殖、高传染性、高破坏性、潜伏性和可触发性等特点。常见的病毒有蠕虫病毒、特洛伊木马和黑客程序等。

木马，也称木马病毒，是指通过特定的木马程序来控制另一台计算机。木马通常有两个可执行程序，一个是控制端，另一个是被控制端。它的目标是窃取用户计算机上的信息或者对用户计算机进行远程控制。计算机一旦中了木马病毒，就会变成一台傀儡机。图6-4-1为被防火墙拦截的试图攻击系统的木马。

图 6-4-1　被拦截的木马

（2）计算机感染病毒或木马后的常见症状

① 计算机操作系统无法启动。当系统无法启动时，在排除了硬件和人为误操作之后，系统仍无法启动，就需要考虑是否感染病毒了。被病毒感染的计算机系统，往往就会因硬盘的引导信息被修改或系统的关键启动文件被删除而无法启动。

② 操作系统运行突然变慢或经常死机。计算机在感染病毒后，病毒进行大量自我复制而占用大量内存资源，导致系统其他程序运行缓慢、反应迟钝，甚至造成系统死机。

③ 数据丢失。当用户发现成功保存的文件不在了，就需要考虑计算机是不是感染病毒了。有一类病毒经常将正常的文件或文件夹隐藏，同时创建出一个新的可执行同名文件。当用户双击该可执行文件时，用户的数据就被删除。

④ 文件图标被更改。感染这类病毒后，用户的所有程序文件图标会被修改，并且无

法打开使用。

　　⑤ 经常自动打开一些非法网页。计算机在上网时,如果经常自动打开一些广告页面或者非法网页,那么这个时候计算机已经被病毒控制。

　　⑥ 键盘或鼠标使用异常。在我们输入信息时,如果输入内容与实际键入内容不符合,或者鼠标被锁定在屏幕的某一个区域,此时计算机也已经感染病毒。

　　(3)计算机病毒防治

　　在我们安装完操作系统后,就需要为我们的操作系统安装一个合适的杀毒软件,用来防御系统感染上病毒。现如今,大部分的杀毒软件都对个人用户提供免费的服务,像 360 杀毒软件、瑞星杀毒软件、金山毒霸、小红伞、avast 等。我们只需要下载相应的安装包,然后按照安装向导进行安装就可以使用了。图 6-4-2 为 360 杀毒软件运行界面。

图 6-4-2　360 杀毒软件运行界面

　　2. 系统安全设置

　　在安装杀毒软件进行防御的同时,我们还需要开启操作系统自带的防火墙,并且提高浏览器的安全级别,以增加我们上网时的安全性。

　　(1)开启系统防火墙

　　点击"控制面板"窗口中"查看网络状态和任务"命令,就可以打开"网络和共享中心"窗口,如图 6-4-3 所示。

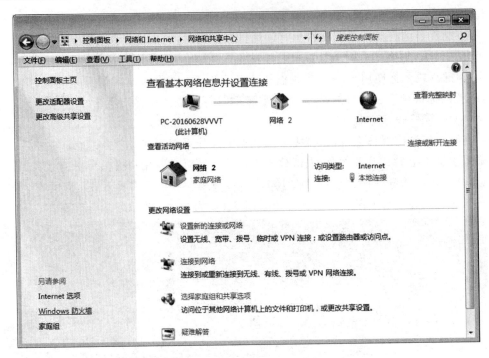

图 6-4-3　"网络和共享中心"窗口

在"网络和共享中心窗口",点击左下方的"Windows 防火墙"菜单,就可以进入到 Windows7 系统防火墙的查看和设置窗口,如图 6-4-4 所示。

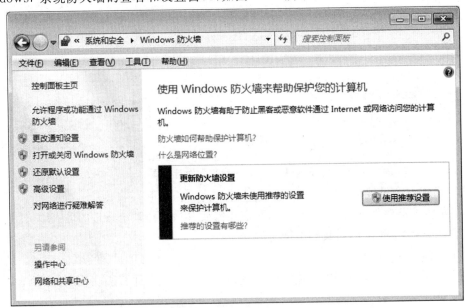

图 6-4-4　"Windows 防火墙"窗口

(2) 设置 Internet Explorer 安全级别

打开 IE,点击"工具"按钮,在菜单中选择"Internet 选项",在弹出的窗口中选择"安全"选项卡,就可进入到 Internet Explorer 安全级别的设置,如图 6-4-5 所示。

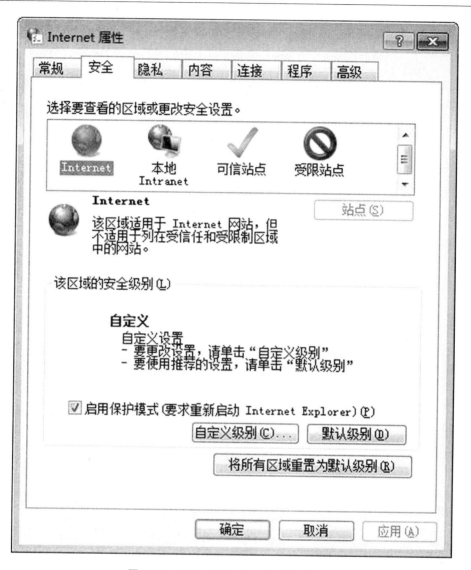

图 6-4-5 Internet Explorer 安全级别设置

提示：在"安全"选项卡下，用户可以对 Intenert 和本地 Intranet、可信站点以及受限站点分别进行安全级别设置。除此之外，用户还可以点击"自定义级别"按钮，进行详细参数设置，如图 6-4-6 所示。如果对自己的安全级别设置不满意，可以点击"重置"按钮恢复至默认状态。

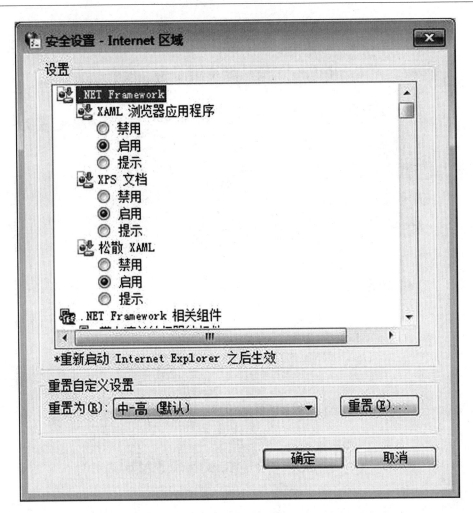

图 6-4-5　Internet Explorer 自定义级别设置

项目 7　常用工具软件

【项目综述】

工具软件是计算机软件中的一大"家族",掌握常用工具软件的使用技术是工作生活中能够熟练使用计算机的基础。本项目主要介绍迅雷下载软件、360 杀毒软件、WinRar 压缩/解压缩软件和 Windows Media Player 多媒体播放器的应用。

【学习目标】

1. 掌握下载工具迅雷的使用方法。
2. 了解 360 杀毒软件的使用方法。
3. 掌握文件压缩与解压工具 WinRar 的使用方法。
4. 了解 Windows Media Player 播放视频文件和音频文件的方法。

任务 7.1　使用迅雷下载软件

【任务解析】

本任务是使用迅雷下载软件来下载一个 Photoshop 视频学习教程。通过此任务的学习,认识迅雷下载软件的运行主界面,并掌握使用迅雷下载软件的方法。

【知识要点】

☞ 启动迅雷下载
☞ 建立下载任务
☞ 了解迅雷运行界面

【任务实施】

1. 启动迅雷下载

（1）启动 360 搜索引擎。打开 360 安全浏览器主页 https://hao.360.cn/,如图 7-1-1 所示。

图 7-1-1　360 安全浏览器主页

（2）输入查询关键词"Photoshop 视频教程免费下载"，单击"搜一下"按钮，搜索出"Photoshop 视频教程免费下载"的词条，如图 7-1-2 所示。在搜索结果中找到我们想要下载的某一个链接，例如"李涛精品教程 ps 教程"，单击该链接，如图 7-1-3 所示。

图 7-1-2　搜索"photoshop 视频教程"

（3）启动迅雷下载。单击页面左下角的"下载地址"按**第1讲**钮，打开新建下载任务对话框，如图 7-1-4 所示。

图 7-1-3 搜索"photoshop 视频教程"下载页面

图 7-1-4 新建下载任务页面

（4）设置下载保存路径。单击"驱动器列表"右侧的文件夹按钮，选择"D:\\迅雷下载\\"，单击"立即下载"按钮。

（5）完成下载。单击"查看任务按钮"打开迅雷界面，如图 7-1-5 所示，单击窗口左侧的"已完成"可查看已经下载完成的任务。

图 7-1-5　迅雷界面

提示：在使用迅雷下载之前需要先从网上下载该软件的安装程序并执行其安装过程，同时出现迅雷的悬浮窗口，同时它也是该公司的 LOGO——蜂鸟。

【知识拓展】

右击桌面上的悬浮窗，如图 7-1-6 所示，选择快捷菜单中的"显示悬浮窗"/"不下载时隐藏悬浮窗"/"隐藏悬浮窗"命令，可以显示/隐藏悬浮窗。

图 7-1-6　显示/隐藏悬浮窗快捷菜单

任务 7.2　使用 360 杀毒软件

【任务解析】

本任务是使用 360 杀毒软件对上一任务中下载的 Photoshop 视频学习教程进行使用前的杀毒。通过此任务的学习，首先认识 360 杀毒软件的运行主界面，并熟悉掌握使用 360 杀毒软件和安全卫士的使用方法。

【知识要点】

☞ 杀毒软件的使用方法

☞ 安全卫士的使用方法

【任务实施】

1. 启动杀毒工具软件

（1）下载杀毒软件。

登录 360 杀毒的官方网站 https://www.360.cn，如图 7-2-1 所示，点击绿色的"免费下载"按钮，下载 360 杀毒软件。

图 7-2-1　搜索"360 杀毒软件"页面

（2）安装杀毒软件

下载完成后，将安装程序安装在本地磁盘（D:）或者其他磁盘上，安装完成后，重新启动计算机，在计算机的桌面上和任务栏的通知区域都可以看到"360 杀毒"和"360 安全卫士"的快捷图标。

（3）查杀病毒

找到之前下载的 Photoshop 视频学习教程，右击弹出快捷菜单如图 7-2-2 所示，单击"使用 360 杀毒扫描"，进行病毒查杀。结果如图 7-2-3 所示，单击绿色的"确定"按钮，进入"360 杀毒"主页面，如图 7-2-4，可以启动"全盘扫描"/"快速扫描"。

图 7-2-2　启动"360 杀毒软件"快捷菜单

图 7-2-3 杀毒结果

【知识拓展】

1. 360 杀毒主页面

图 7-2-4 360 杀毒软件主页面

2. 全盘扫描页面

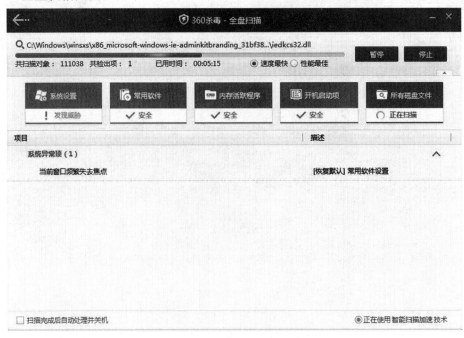

图 7-2-5 360 全盘扫描主页面

360 杀毒具有手动扫描和实时病毒防护功能，为我们的系统提供全面的安全防护。实时防护功能在文件被访问时对文件进行扫描，及时拦截活动的病毒。全盘页面扫描结果如图 7-2-6 所示。

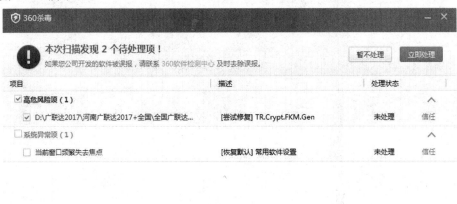

图 7-2-6 360 全盘扫描结果

3. 电脑体检

对电脑进行全盘扫描后,还可以打开 360 安全卫士的主程序窗口对电脑进行一个全面体检。选择"开始"——→"所有程序"——→"360 安全中心"——→"360 安全卫士"——→菜单命令打开 360 安全卫士主程序的窗口。如图 7-2-7 所示。点击绿色的"立即体检"可对电脑进行全面体检,对体检发现的问题进行相应的处理,如下图 7-2-8、7-2-9 和 7-2-10 所示。

图 7-2-7　360 安全卫士主页面

图 7-2-8　360 安全卫士体检页面

图 7-2-9　360 安全卫士对体检结果处理页面

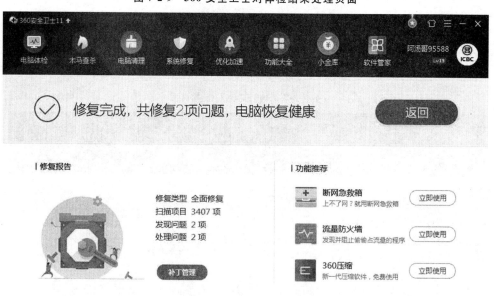

图 7-2-10　360 体检结果处理页面

任务 7.3　使用 WinRAR 压缩/解压缩软件

【任务解析】

WinRAR 是日常工作、学习和生活中比较常用的文件压缩与解压工具。本任务是使用 WinRAR 压缩/解压缩软件对上一任务中下载的 Photoshop 视频学习教程压缩包解压，然后再选择一部分好的教程压缩备份。通过此任务的学习，首先认识 WinRAR 软件的运行界面，并熟悉进而掌握使用 WinRAR 压缩/解压缩软件对文件进行压缩和解压缩的方法。

【知识要点】

☞ 解压文件
☞ 压缩文件

【任务实施】

1. 解压文件

（1）双击"视频学习教程"压缩包即可打开 WinRAR 压缩文件列表界面，如图 7-3-1 所示。

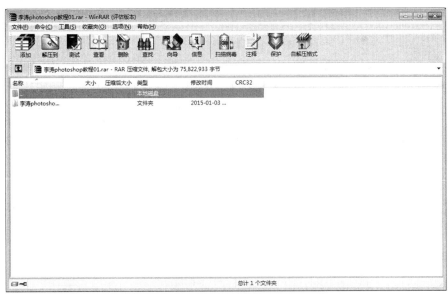

图 7-3-1　WinRAR 压缩文件列表界面

点击"解压到"按钮即可打开解压路径和选项设置窗口，在窗口中，我们可以选择将压缩文件解压到指定路径以及文件的更新和覆盖方式，如图 7-3-2 所示。在设置完路径和选项后，点击"确定"按钮即可开始解压操作，同时显示解压进度信息提示框，如图 7-3-3 所示。

（2）利用右键菜单进行解压

右键单击"视频学习教程"压缩包,在弹出的快捷菜单中选择"解压文件"命令,即可打开释放文件路径和选项设置窗口。图 7-3-4 为利用右键快捷菜单解压文件。

图 7-3-2　解压路径和选项设置窗口

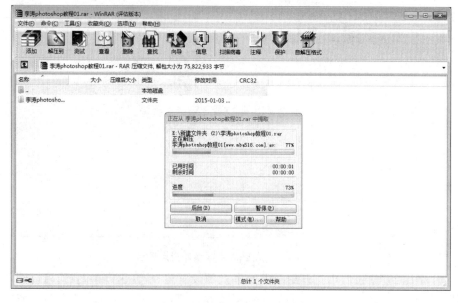

图 7-3-3　解压进度信息提示窗口

图 7-3-4　利用右键快捷菜单解压文件

2. 压缩文件

（1）利用运行界面进行压缩

从开始菜单中，选择"所有程序"列表"WinRAR"菜单中的"WinRAR"命令，即可运行 WinRAR，其运行界面如图 7-3-5 所示。

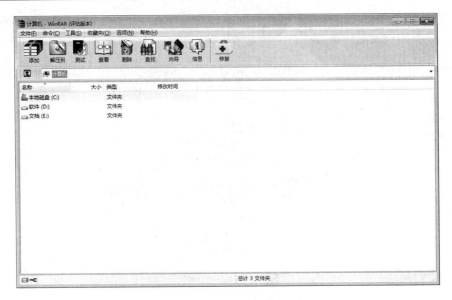

图 7-3-5 WinRAR 运行界面

在 WinRAR 运行界面点击地址栏的下拉按钮,在下拉列表中选择需要压缩的文件夹。如图 7-3-6 所示。

提示:如果只需要压缩其中的部分文件,按下"Ctrl"键,用鼠标单击其中需要压缩的文件即可。

选择完需要压缩的文件之后,点击"添加"按钮,即可打开文件压缩参数设置对话框,如图 7-3-7 所示。在此对话框中,我们可以设置压缩文件存储路径、压缩文件名称、压缩文档类型、压缩方式、存档方选项、更新方式等参数。

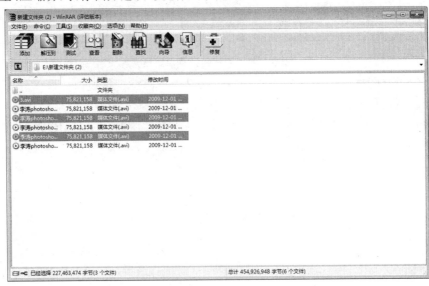

图 7-3-6 在地址栏中选择需要压缩的文件

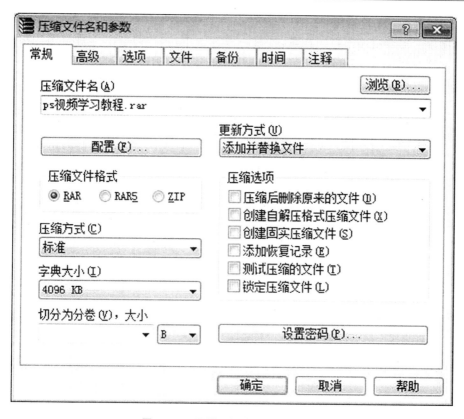

图 7-3-7　设置压缩路径和相关参数

设置好参数后,点击"确定"按钮,即可开始压缩操作,同时显示压缩进度信息如图 7-3-8 所示。

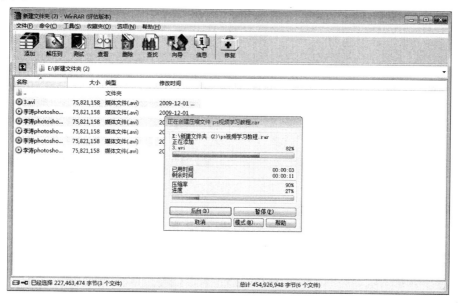

图 7-3-8　压缩进度信息提示框

（2）利用右键菜单进行压缩文件

选中多个需要压缩的视频教程，把鼠标放在选中的文件区域，右键单击弹出快捷菜单，选中"添加到压缩文件"命令，即可弹出压缩设置参数对话框。图 7-3-9 为利用右键菜单进行压缩。

图 7-3-9　利用右键菜单进行压缩

【知识拓展】

压缩为加密压缩文件。点击图 7-3-7 图中"设置密码（p）…"按钮，打开设置密码对话框，对压缩文件进行加密。如图 7-3-10 所示。

图 7-3-10 对压缩文件进行加密

任务 7.4 使用 Windows Media Player 视频播放软件

【任务解析】

Windows Media Player 是 Windows 系统自带的一款播放器,界面操作简单且功能强大,可以播放电影、音乐等数字多媒体文件,同时还可以将音频和视频信息刻录成 CD 或 DVD 格式。本任务是使用 Windows Media Player 对上一任务中解压后的 Photoshop 视频学习教程进行播放,以帮助我们学习。此任务帮助我们了解 Windows Media Player 播放音频和视频文件的方法,以方便我们的生活、学习和工作。

【知识要点】

☞ 了解 Windows Media Player 播放视频文件的方法
☞ 了解 Windows Media Player 播放音频文件的方法

【任务实施】

1. 播放视频文件

(1)打开"视频学习教程"所在文件夹,右键单击需要播放的视频弹出快捷菜单如图 7-4-1 所示,点击菜单中的"使用 Windows Media Player 播放(p)",即可打开 Windows Media Player 视频播放界面如图 7-4-2 所示。

图 7-4-1　利用右键菜单播放本地视频

提示：点击图 7-4-2 右上角的媒体库切换按钮██，可从视频播放界面切换到运行界面如图 7-4-3 所示。点击右下角的██全屏切换按钮，可将播放器进行全屏/半屏的切换。

图 7-4-2　Windows Media Player 播放视频界面

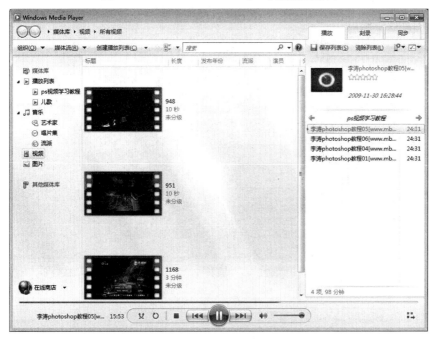

图 7-4-3　Windows Media Player 运行界面

2. 播放音频文件

使用 Windows Media Player 不仅可以播放视频文件,还可以播放 CD 和本地磁盘上的音频文件。播放 CD 上的音频文件需要先把 CD 光盘放入光驱中,光盘就会自动开始播放;播放本地磁盘上的音频文件,首先选择音频文件,然后单击右键,在弹出的右键菜单中选择"使用 Windows Media Player 播放(p)"命令即可。如图 7-4-4 所示,7-4-5 为播放音频文件界面。

图 7-4-4 利用右键菜单播放音频文件

图 7-4-5　**Windows Media Player 播放音频文件**

【知识拓展】

媒体播放器

媒体播放器,又被称为媒体播放机,通常是指在计算机中用来播放多媒体的播放软件,像 Windows Media Player 等。因为在之前的中文版 Windows 中一直把 Windows Media Player 默认为媒体播放器,所以 Windows Media Player 在计算机老用户中成了媒体播放器的代名词。然而,随着媒体行业的不断发展,一些广告画面的播放器也被称为媒体播放器,例如分众传媒的视媒体播放器、众普传媒的镜面媒体播放器等;公交电视同样也是一种媒体播放器。

习　题

一、填空题

1. 迅雷软件是一款使用频率较高的_____工具。

2. 将原始文件转换为压缩文件的过程称为压缩,恢复原始文件的过程为_____。

3. 在 WinRAR 运行界面中,_____和_____是用户使用频率最高的两个功能。

4. Windows Media Player 是 Windows 系统自带的一款播放器,它可以播放_____和_____。

5. 使用杀毒软件对整个磁盘空间进行扫描时，应该选择＿＿＿＿＿＿扫描的方式。

6. 为了保证杀毒软件能够查杀当前的最新病毒，软件要定期＿＿＿＿＿＿。

二、选择题

1. 常用的下载方法不包括（　　）。

A. 使用下载软件　　　　　　B. 使用邮箱

C. 另存为　　　　　　　　　D. 使用浏览器

2. 杀毒软件的作用有（　　）。

A. 提高系统性能　　　　　　B. 防止病毒侵入电脑

C. 为信息安全提供保障　　　D. 彻底清理木马程序

3. 数据压缩的目的是消除信息中的（　　），减少文件大小，节省存储空间，提高网络传输效率。

A. 文件压缩　　　　　　　　B. 高效存储

C. 文件压缩　　　　　　　　D. 冗余数据

4. WinRAR 压缩软件，下列叙述中不正确的是（　　）。

A. 可以创建 ZIP 压缩文件　　B. 可以分卷压缩文件

C. 属于有损压缩软件　　　　D. 可以创建 RAR 压缩文件

5. 在使用 WinRAR 解压文件时，下列叙述中不正确的是（　　）。

A. 不能重命名压缩文件　　　B. 可以测试压缩文件

C. 可以添加文件到压缩文件　D. 可以修复压缩文件

6. Windows Media Player 播放器的显示模式不包括（　　）。

A. 完整模式　　　　　　　　B. 最小模式

C. 全屏模式　　　　　　　　D. 影院模式

7. 对于来历不明的软件，应坚持（　　）。

A. 不使用　　　　　　　　　B. 先查毒，再使用

C. 先使用，再查毒　　　　　D. 无须做任何处理

8. 杀毒软件可以查杀（　　）。

A. 部分病毒　　　　　　　　B. 所有病毒

C. 已知病毒　　　　　　　　D. 以上都不对

9. 下面播放软件中，不是媒体题播放软件的是（　　）。

A. 暴风影音　　　　　　　　B. 超级解霸

C. ACDSee　　　　　　　　D. RealPlayer

10. Windows Media Player 属于（　　）常用工具软件。

A. 网络类　　　　　　　　　B. 图像类

C. 多媒体类　　　　　　　　D. 系统类